重要生态功能区资源环境承载力研究

中国生态安全格局构建与评价

王红旗　王国强　田雅楠　王会肖　王红瑞 等　著

科 学 出 版 社

北 京

内 容 简 介

本书是原国土资源部"重要生态功能区资源环境承载力评价"项目的研究成果之一，以保障我国国土生态安全和促进生态文明建设为目标，从国家和区域生态安全评价与保护角度来论述。全书系统介绍了生态安全理论、生态安全格局、生态安全评价方法和中国主要生态环境问题，并以此为基础构建了生态安全综合评价系统，通过该评价系统实现了我国生态安全格局的构建，形成了构成我国生态安全骨架的 23 个重要生态功能区，并实现了对其生态安全现状的评价。本书既包括了对我国生态安全工作的总结，又完成了从国家到区域的生态安全评价体系构建与评价工作，为我国生态安全评价与生态安全保护工作提供了理论和实践指导意义。

本书适合生态环境相关专业科研人员和高等院校师生及从事生态系统管理或生态建设的各行政主管部门相关人员阅读、参考。

审图号：GS（2018）6589 号

图书在版编目（CIP）数据

中国生态安全格局构建与评价/王红旗等著. —北京：科学出版社，2019.6
（重要生态功能区资源环境承载力研究）
ISBN 978-7-03-061520-6

Ⅰ. ①中… Ⅱ. ①王… Ⅲ. ①生态安全－研究－中国 Ⅳ. ①X321.2

中国版本图书馆 CIP 数据核字(2019)第 109301 号

责任编辑：杨帅英　张力群 / 责任校对：何艳萍
责任印制：张　倩 / 封面设计：图阅社

科学出版社 出版
北京东黄城根北街 16 号
邮政编码：100717
http://www.sciencep.com
涿州市般润文化传播有限公司印刷
科学出版社发行　各地新华书店经销
*
2019 年 6 月第　一　版　开本：787×1092 1/16
2024 年 6 月第五次印刷　印张：9
字数：213 000

定价：88.00 元

(如有印装质量问题，我社负责调换)

《重要生态功能区资源环境承载力研究》系列丛书编写说明

2010 年经国土资源部批准，“全国资源环境承载力调查评价”项目正式启动。而北京师范大学所承担的“重要生态功能区资源环境承载力研究”是该项目子课题。

我国重要生态功能区是维护我国生态系统结构和功能起到关键作用的区域，资源丰富，地域广阔，在我国的经济建设和社会稳定等方面都具有重要的战略地位；同时，由于首要目标是保证生态系统的结构稳定和功能完善，其特殊的自然地理条件是我国极其重要的生态环境屏障。然而，我国人口众多而人均自然资源不足，加之生态环境整体不佳而软实力整体不强，导致资源环境问题日益严重。因此，党的十八大和十八届三中全会把生态文明建设放到前所未有的高度，并作为今后全面深化改革的有机组成部分。但在具体工作中，对生态环境建设应如何具体掌握，生态环境建设与经济社会的矛盾应如何解决，以及全国重要生态功能区的有限生态资源能否在保障国土生态安全的基础上支持社会经济的可持续发展等问题，仍存在着各种不同的看法和做法。为此，北京师范大学决定以“重要生态功能区资源环境承载力研究”为题，以自然地理范畴的全国生态功能区为研究范围，以生态系统的自然资源为中心，以生态环境的保护和建设为重点，以与经济社会可持续发展和促进生态文明建设为目标，开展跨学科的综合性和战略性研究。

在国土资源部有关单位、中国科学院及许多高等院校、科研院所和省级单位等的大力支持下，由生态学、环境学、数学模型、遥感技术等方面多位专家牵头，投入 35 位科研人员，在资源环境承载力评价方面取得良好的科研价值和应用效果。为了更全面、更系统地展示相关研究成果，全面介绍重要生态功能区资源环境承载力体系及其应用，北京师范大学水科学研究院策划出版《重要生态功能区资源环境承载力研究》系列丛书。

这套丛书包括《中国生态安全格局构建与评价》、《中国重要生态功能区资源环境承载力评价指标研究》和《中国重要生态功能区资源环境承载力评价理论与方法》三本专著。这三本专著从重要生态功能区的资源环境承载力研究的基础理论方面及实际应用方面出发，结合相关的研究成果，力求展示本研究领域最新的研究进展及发展动态。即在系列分析我国生态环境建设和国土生态安全现状的基础上，综合评价生态环境建设对我国国土生态安全的作用和成效，研究建立重要生态功能区资源环境承载力综合评价指标体系，通过资源环境承载力评价识别重要生态功能区的主控因子，分析经济社会发展和生态环境建设对我国国土生态安全的影响，提出保障我国国土生态安全和促进生态文明建设的目标任务、实施方案和措施途径，为全国国土规划编制提供技术支撑和科学依据。并对重要生态功能区资源环境承载力的理论、方法及其实际应用进行全面阐述，为完善资源环境承载力体系提供理论基础和实践意义。

参加研究和编撰工作的全体人员，虽然做出了极大努力，但由于各种条件的限制，仍有疏漏之处，请读者批评指正。

2016年4月19日

前　　言

生态安全是继军事安全、政治安全、经济安全及科技安全之后人类对于国家安全的又一认识，随着全球气候变暖加剧、自然灾害的频频发生、生态系统加剧退化、生态环境问题日益突出，人们逐渐意识到维护生态安全的重要性，生态安全成为国家和区域可持续发展的重要基础，越来越多的国家开始认识到生态安全的重要性，并将其纳入国家安全体系，对于如何保障国家和区域生态安全的研究是一个国家和区域实现可持续发展的基本保障，更是实现人类文明迈向人与自然和谐共生的重要一步。

生态安全的研究得益于人类对于生态系统认识的不断深入，但由于生态系统的复杂性，一个生态系统一旦遭到毁灭便很难得以恢复，因此只有通过合理的利用与保护才能真正实现人与自然的和谐共处，这便是生态安全的最终目标。随着计算机和3S技术的发展以及生态学理论的不断丰富，大大拓展了生态安全评价与生态安全格局构建的研究手段和理论基础，许多研究者尝试了在不同区域尺度下进行生态安全的研究，并取得了许多宝贵经验，本书正是在这些研究的基础上进一步深入探讨了我国国家和区域生态安全评价及生态安全格局构建的相关理论框架，既包含了对前人工作的总结，也提出了新的研究思路和框架，并完成了我国生态安全格局的构建及区域生态安全评价工作，在全国和区域两个尺度上讨论了我国生态安全现状，较为全面的覆盖了我国的生态安全问题，既是对我国以往生态环境保护工作成效的总结，又为今后工作的开展提供了有力的支撑。

本书深入分析了生态安全的概念起源、理论基础、生态安全格局理论以及生态安全评价理论与方法，结合我国生态环境问题建立了一套生态安全综合评价系统，并通过该系统，实现了我国生态安全格局的初步构建，划定23个重要生态功能区作为支撑我国生态安全格局的骨架，为我国今后的生态环境建设及生态保护工作能够有的放矢提供了基础。本书提出了以生态支撑力为基础的区域生态安全评价方法，并完成了全国23个重要生态功能区的生态安全评价，针对各个区域提出了初步的保护对策，为我国生态安全评价工作的进一步深入研究提供了范版。

本书第 1 章～第 3 章以国内外学者的研究为基础，分别对生态安全的理论基础、生态安全格局理论和评价方法进行了总结，第 4 章对我国现有的生态环境问题进行了概况性的描述，第 5 章对生态安全综合评价系统的构建进行了详细阐释，第 6 章～第 8 章分别完成了我国生态重要性评价、生态脆弱性评价和生态安全格局构建，第 9 章重点针对全国 23 个重要生态功能区进行以生态支撑力为基础的生态安全现状评价，并对全国重要生态功能区的生态安全现状进行了初步分析，第 10 章总结分析了我国生态安全存在的主要问题并提出了我国生态环境保护的对策建议。

本书第 1 章由王会肖编写，第 2 章由王红瑞编写、第 3 章由顾琦玮编写、第 4 章由刘晓宇编写，第 5 章由王红旗编写，第 6 章由王国强编写，第 7 章由张亚夫编写，第 8 章由徐云强编写，第 9 章由田雅楠编写，第 10 章由都莎莎、孙静雯、宁少尉、侯泽清、朱婧文、宋志松共同编写，全书由王红旗统稿。本研究项目的实施与书籍的编写得到了中国地质环境监测院的大力支持。

本书在编写的过程中，参考了国内外专家、学者的相关成果，在此表示衷心的感谢！真诚希望读者对本书的不足之处提出修改意见。

2016 年 4 月

目　　录

第1章 生态安全理论

1.1 生态安全的概念及内涵

1.1.1 生态安全概念演进

随着全球气候变化、生态退化等问题日渐凸显，生态安全愈发受到人们的关注，越来越多的国家和区域将生态安全作为一个国家安全体系的重要组成部分，与军事安全、政治安全、经济安全、科技安全一样，在国家安全大局中占有重要地位，如何保障国家和区域的生态安全成为人类不断探索的重要议题之一。

传统意义的安全是指远离损害、破坏和伤害的安全状态，即对于生命、健康、财产以及区域和领土没有损害（Gong et al.，2009）。关于生态安全的研究最早可追溯到20世纪40年代，生态安全问题的提出源于20世纪80年代苏联的切尔诺贝利核电站事故导致的人为环境灾难（陈星和周成虎，2005），苏联首度提出了“全面安全”的概念。1981年美国的莱斯特·R·布朗（1984）在《建设一个持续发展的社会》中提出“目前对安全的威胁，来自国与国间关系的较少，而来自人与自然间关系的可能较多。”随着90年代前后跨国全球性环境公害日渐凸显，如沙尘暴、水污染、大气污染、温室效应及厄尔尼诺等，经济全球化、森林锐减、各国之间潜在的环境威胁增加。空气、水、酸雨和海洋污染不受国界限制，使得一个区域内的多个国家在环境问题上将形成一个整体，他们之间的政治关系将受到环境问题的影响（Schreurs and Pirages，1998），因此，1987年世界环境与发展委员会的正式报告《我们共同的未来》中明确指出“安全的定义必须扩展，超出对国家主权的政治和军事威胁，而要包括环境恶化和发展条件遭到的破坏（世界环境与发展委员会，1997）”。1989年，Westing（1989）扩展了“全面安全”的概念，指出其包括两个相互联系的内容：政治安全和环境安全，前者由军事、经济和人道主义等组成；后者包括保护和利用环境。1998 年 10 月，“亚太安全与和平发展会议”首次提出“21 世纪最大政治问题一是生态安全，二是资源安全”。这一论点提出立即引起了俄罗斯、美国、欧盟等国家的关注。1999 年初俄罗斯率先成立“俄罗斯国家安全会议生态安全委员会”，同年年末美国也成立了“美国国家生态安全委员会”。2013 年 5 月美国政府又成立了“美国总统能源战略与生态安全委员会”（蔡俊煌，2015）。联合国在《二十世纪的生态安全——联合国的作用》一文中指出生态安全的出现也将影响联合国的安全概念的内容。

在中国，从 20 世纪 90 年代开始，生态安全研究逐步成为热点（蔡俊煌，2015）。2000 年年底国务院颁布的《全国生态环境保护纲要》提出了“国家生态安全”的概念：水、土、大气、森林、草原、海洋、生物组成的自然生态系统是人类赖以生存、发展的物质基础，因此，生态安全是指国家生态和发展所需的生存环境处于不受破坏和威胁的状态，自然生态系统的状态能够维持经济社会可持续发展。《2002 中国可持续发展战略报告》中提到了生态环境能力和生存安全能力，并将生存安全能力作为可持续发展能力建设的重要部分（中国科学院可持续发展战略研究组，2002）。2002 年九届人大五次会议期间，全国人大环资委主任委员曲格平代表对生态安全的定义：其一是防止由于生态环境的退化对经济基础构成威胁，主要指环境质量状况和自然资源的减少和退化削弱了经济可持续发展的支撑能力；其二是防止环境问题引发人民群众的不满特别是导致环境难民的大量产生，从而影响社会稳定。我国生态环境基础原本就脆弱，庞大的人口对生态环境又造成了重大的、持久的压力，加上以牺牲环境求发展的传统发展模式对生态环境造成很大冲击和破坏，因此，我国生态安全问题已在国土、水、生命健康和生物等四个方面突出表现出来（唐先武，2002）。2011 年 6 月初，《全国主体功能区规划》正式发布，初步识别了国家重点生态功能区，并将其功能定位为：保障国家生态安全的重要区域，人与自然和谐相处的示范区，初步形成了我国生态安全战略格局。2014 年 4 月，中央国家安全委员会第一次会议将生态安全正式纳入国家安全体系，表明生态安全成为国家总体安全的重要组成部分（蔡俊煌，2015）。

目前关于生态安全的定义存在狭义和广义两种。广义的生态安全是以 1989 年国际应用系统分析研究所（IIASA）提出的定义为代表，即生态安全是指在人的生活、健康、安全、基本权利、生活保障来源、必要资源、社会秩序和人类适应环境变化能力等方面不受威胁的状态，它包括自然、经济和社会生态安全，组成一个复合人工生态安全系统。狭义的生态安全是指自然和半自然生态系统的安全，即生态系统完整性和健康的整体水平反映（肖笃宁等，2002；刘红等，2006a）。

我国学者对生态安全的理解多集中在狭义概念上，着重从生态系统和生态环境方面对生态安全进行定义，比较有代表性的有曲格平（2002）提出的生态安全是指自然环境既能满足生存于其中的天地万物的生存与发展的要求，又不至于使自然环境自身受到损害，其认为生态安全影响经济和社会安全的原因在于生态安全不仅能够防止退化的生态环境对经济发展构成威胁，同时能够防止公众对环境恶化的不满，减少环境难民；左伟等（2002）将生态安全理解为一个国家或区域生存和发展所需的生态环境处于不受或少受破坏与威胁的状态；郭中伟（2001）从生态系统服务功能角度概括了生态安全的含义：一是生态系统自身是否安全，即其是否受到破坏，二是生态系统对于人类是否安全，即生态系统所提供的服务是否满足人类的生态需要；肖笃宁等（2002）把生态安全定义为人类在生产、生活和健康等方面不受生态破坏与环境污染等影响的保障程度，包括饮用水与食物安全、空气质量与绿色环境等基本要素；余谋昌（2004）认为，生态安全是指地球上良好的自然条件和丰富的自然资源，由一系列环境要素综合表现的安全性表示；李中才等（2010）认为生态安全是指一个社会的资源、环境系统能够满足经济、社会需要的同时，又不削弱其自然储量的状态。

国内外学者对生态安全的定义有着许多不同的认识，Mark 等（1998）从生态安全的角度对国土安全和社会安全进行研究，并将包括经济、政治、人口、文化和生态安全在内的文化安全纳入安全子系统；Cynil（1997）对国家安全和生态安全的关系进行了研究，资源分布与少数民族生存的基本环境的冲突就是由这种关系引发的；Przybytniowski（2014）将生态安全定义为自然和社会在地球生物圈的发展，为人类提供适宜的生存条件且不损害地球上所有物种的生存条件。

由此可见，目前的研究还没有对生态安全的定义形成统一的认识，学者们根据对生态安全概念的不同理解从生态系统服务功能、生态系统健康、生态风险、生态环境承载力等多方面对生态安全进行研究，究其根本则是针对不同尺度下生态安全的特征进行的研究。近些年生态安全的关注焦点主要包括全球化、生物多样性、生态农业与农业集约化、恢复力、脆弱性等（胡秀芳等，2015）。

显然，从不同的角度都可以对生态安全做出不同的解释与定义，但无论如何，生态安全所表征的是一种存在于相对宏观尺度上的不受胁迫的安全状态与和谐的共生关系，主要包括资源安全、生物安全、环境安全与生态系统安全，其落脚点是人类安全。

1.1.2 生态安全内涵及属性

生态安全的定义虽然还没有达成统一的认识，但对于生态安全的理解可概括为资源与环境生态安全、生物与生态系统安全和自然与社会生态安全三个方面（彭少麟等，2004），本书从这三个方面对生态安全的内涵进行阐释。

1. 生态安全内涵

1）资源与环境生态安全

资源和环境是生态系统的重要组成部分，是基础和骨架，因此保障环境与资源的安全是生态安全的基础。环境是指独立存在于某一主体对象以外的所有客体总和，生态环境是指一定空间范围内，生物群落与其所处的自然环境所形成的相互作用的统一体。一般在环境科学中所指的环境常常是指自然环境，生态学科中称生物生存的自然环境为生态环境。生态安全在“生态”含义上理解为“环境或生态环境”，则生态安全与环境安全、生态环境安全等概念极为相似，有时通用甚至混淆。环境安全主要围绕着“环境变化”和“安全”之间的关系展开的。我国许多学者认为“环境安全”与“生态安全”是一致的（吴国庆，2001；叶文虎和孔青春，2001；陈灌春和方振东，2002；周毅，2003；刘士余等，2004；徐海根和包浩生，2004）。另外，还有一些学者则认为环境安全是环境资源安全（蔡守秋，2001；王礼茂，2002；张雷，2002）。生态安全与环境安全虽然都是来源于“国家生态安全”体系，都是国家安全由单一的纯军事意义的国防安全扩展到经济、政治、科技、信息以及生态环境安全等更广泛的含义，但是二者是有区别的。生态安全是指自然生态和人类生态意义上生存和发展的风险大小，包括环境安全、生物安全、食物安全、人体安全到企业及社会生态系统安全。环境安全主要是关于大气、海洋、河流和土地为主的安全状态。环境安全区别于一般的环境破坏，不是所有的环境问题都会构成安全问题，只有环境破坏威胁到人类安全时，才纳入到生态安全范畴。环境资源安全可以认为是与人类生存、生产活动相关的生物环境及自然资源基础（特别是可更新资源）处于良好的状况或不遭受不可恢复的破坏（杨京平，2002）。资源环境安全涉及国土安全，其主要问题包括水土流失、土地退化和荒漠化等；还涉及水环境资源安全，其主要问题是地下水、江河、湖泊和海洋污染以及资源性缺水和污染性缺水；此外还有生物多样性资源、矿藏资源和能源资源等安全问题，特别是能源资源安全问题，是全世界最重要的生态安全问题（彭少麟和郝艳茹等，2004）。由此可见，资源与环境生态安全从资源环境问题切入，以人类能够可持续的获取资源和环境保障为目标的安全理念。

2）生物与生态系统安全

在“生态”含义上的生态安全更多的是指生态系统安全或复合生态系统生态安全（王耕等，2007）。“生态”是指某一生物（系统）与环境或与其他生物之间的相对状态或相互关系。衡量生态则在一定程度上用定量指标来阐明关系是否平衡或协调，因而一些学者以生物与环境的可持续发展关系来定义生态安全，并认为可持续发展是生态安全的理论基础，生态安全是对可持续发展概念的补充和完善[①]（Rapport et al.，1998；Kullenberg，2002；吴开亚，2003；尹晓波，2003；李笑春等，2005）。《我们共同的未来》第 11 章“和平、安全、发展和环境”专门指出：“和平和安全问题的某些方面与持续发展的概念是直接有关的。实际上，它们是持续发展的核心。”1996 年《地球公约》的《面对全球生态安全的市民条约》中，规范了生态安全与可持续发展的关系与责任。国内一些学者认为国家生态安全程度也适用可持续发展的能力来衡量（程漱兰和陈焱，1999；曲格平，2002）。从生态系统而言，可持续的生态系统不考虑自然风险，它是安全的。因为可持续的生态系统具有强大的内外恢复力。而安全的生态系统，虽然不受威胁，也不威胁人类，但是其自然资源利用是否是合理的，永续的，是否具有持续发展能力，这一点较难判定，所以它不一定是可持续的生态系统，即安全的生态系统是健康的，但不一定是可持续的。

一些学者从生物安全的角度出发，认为生态安全最主要的内容是指生物的生态安全，并认为生物的各个层次均有生态安全问题，其中包括外来物种入侵问题

① Costanza R, Norton B G, Haskell B D. 1992. Ecosystem health: new goals for environmental management. Ecosystem Health New Goals for Environmental Management.

（汤泽生和苏智先，2002；Przybytniowski，2014）、生物技术发展形成基因物种所造成的安全问题及人类疾病控制等问题。

生态系统的角度对生态安全概念的诠释主要包括从结构和功能的角度出发，即结构和功能均不遭受损害，生态系统保证其提供服务的质量和数量；另一种则是从生态平衡的角度出发，认为生态安全是指一定区域内可以直接或间接影响人类生活、生产的各种生物有机体及各种无机体共同组成的生态系统的综合平衡。因此“生态安全”包含两方面的含义：其一是指生物或是生态系统自身是否安全，即其自身结构是否受到破坏；其二是指生物或生态系统对于人类是否安全，包括生态系统所提供的服务是否满足人类的生存需要。

3）自然与社会生态安全

生态安全的概念体现了人类的主观能动性，因此一些学者认为生态安全应该从人类社会的视角来定义，认为生态安全是指社会、政治、经济性的安全，该安全问题不仅是对当代人群健康和后代人健康成长的危害，主要是指因环境污染与生态破坏所引起的对全世界的和平与发展，对国家安全、经济安全、甚至以对整个人类的生存与发展的有害影响（贾士荣，1999）。国际应用系统分析研究所于1989年提出要建立优化的全球生态安全监测系统，并指出生态安全的含义是指在人的生活健康安乐基本权利、生活保障来源、必要的资源、社会秩序和人类适应环境变化的能力等方面不受威胁（邹长新和沈渭寿，2003）。无论哪一种定义，生态安全的内涵有两点：一是人类的生态安全；二是人类的发展安全（宫学栋，1999）。更多的学者认为生态安全是自然与人类社会两者的安全。许为义（2003）指出，“生态安全”诞生只有十多年的历史，传统生态学理论认为，“生态安全是指自然或人工生态系统处于健康的、自组织和自我调节有序循环的状态。”随着对生态安全理解的深化，“生态安全问题已经不是生态学理论称之为纯粹生态系统安全问题，而是一个涉及环境安全、健康安全、经济安全、社会安全和国家安全等的公共安全问题。”郑万生等（2002）指出，所谓生态安全，应该理解为能够保证自然系统、技术系统和社会系统协调地相互作用，从而形成一个具备自然系统的自然资源与生态潜力、生物圈整体自我调节能力，满足地球各个地区人口物质、美学和人为灾难所带来的危险性的防御状况，是生态安全的重要组成部分。张桥英等（2002）认为，生态安全是指自然生态和人类生态意义上的生存和发展的风险大小，包括环境、生物、资源、食品、人类和社会的安全。关文彬等（2003）认为，生态安全是生态风险的反函数，是指在人的生活、健康、安乐、基本权利、生活保障来源、必要资源、社会秩序和人类适应环境变化的能力等方面不受威胁的状态，包括自然生态安全、经济生态安全和社会生态安全，组成的一个复合人工生态安全系统。这些论述表明了生态安全是自然与人类社会两者的安全。2000 年国务院发布的《全国生态环境保护纲要》指出，生态安全是国家安全和社会稳定的一个重要组成部分。主要包括两方面的内容：①防止由于生态环境的退化对经济基础构成威胁，主要是指环境质量改善和自然资源的减少和退化削弱了经济可持续发展的支撑能力；②防止环境问题引发人民群众的不满特别是导致环境难民的大量产生，从而影响社会稳定（郭沛源，2003）。在某种意义上，这可能是目前对生态安全含义的一个共识基础（彭少麟等，2004）。

2. 生态安全属性

生态安全具有整体性、主观能动性、长期性、空间地域性质的特点。

（1）生态安全是人与环境关系过程中，生态系统满足人类生存与发展的必备条件，只有将生态系统作为一个整体，保障各个方面的利益才能真正地实现安全，因此体现了整体性。

（2）生态安全包含了人类对于自身生存环境的认识和要求，因此具有主观能动性，通过合理的开发利用，对于不安全状态的整治，可以变不安全因素为安全因素，避免不安全状态的蔓延，甚至有可能将不安全状态逆转，因此生态安全具有主观能动性，这就为我们维护生态安全提供了可能。

（3）生态安全是人与自然长期动态共存的状态，具有长期性和动态性，无论是生态系统还是人类社会都不是一成不变的，都在不断发展变化，二者之间就在不断的发展过程中逐渐形成一种和谐的状态，一方发生变化，另一方必然会出现响应，由于系统的复杂性这种响应可能也需要一个较为长期的过程才能显现出来，因此，生态安全正是为了预防这种滞后性和不确定性。

（4）生态安全具有一定的空间地域性质。真正导致全球、全人类生态灾难不是普遍的，生态安全的威胁往往具有区域性、局部性；这个地区不安全，并不意味着另一个地区也不安全。生态安全评价应该在不同尺度上进行，这些尺度包括全球、区域和城市，全球尺度有助于了解全球变化的一些过程，区域尺度有助于理解特定区域的过程，城市尺度可以考虑城市发展过程（Du et al.，2013）。

1.1.3 生态安全研究的意义与面临的挑战

生态安全是保障国家安全的重要基础，特别是对于人口众多又在迅速发展期的我国来说，保障生态安全显得尤为重要。我国生态安全研究起步较晚，理论体系尚不完善，不同的学者对于生态安全研究的尝试不断，但目前中国生态安全评价的相关理论、方法和案例的研究还不够完善，还有大量的理论和研究方法方面的问题有待于进一步的研究。具体而言有如下几个方面。

1. 概念和学科体系有待完善

生态安全概念自提出以来经过了不同领域学者的不同诠释，但目前仍没有一个统一的概念，其原因除了研究对象——生态环境的复杂性，也暴露出研究的不成熟、不透彻和不全面。一个清晰可行的生态安全的定义和一套理论方法体系是进行生态安全研究的基础。因此，生态安全的理论建设仍然是任重道远，今后需要在综合各类定义的基础上，科学界定生态安全的概念内涵，明确研究对象和研究范围，在可持续发展的基本理念框架下，从本质上认识生态安全，建立学科的基础理论，为深入研究生态系统和人类社会系统奠定理论基础。

3S 技术的出现使得如今的社会发生了巨大的变化，为生态安全学科体系的完善提供了重要契机。用遥感和 GPS 获取生态安全空间数据，用 GIS 建立生态安全空间数据库、建模评价生态安全状况、建模分析生态安全格局和过程、可视化表达生态安全评价与生态安全格局设计成果，将相关研究数据、信息和知识落实到具体空间位置，对辅助区域生态环境管理和决策等有重要意义；而景观生态学以景观作为研究对象，在不同尺度上，研究格局与过程的关系，用景观生态学的理论来研究生态安全评价，使得生态安全评价的研究更系统化。结合地理学等相关理论，3S 技术的应用、景观生态学理论的引入，使得生态安全评价研究日趋系统化，且评价结果更可靠，逐步完善了生态安全评价的学科体系。

2. 完整有效的生态安全评价体系构建

由于生态安全概念体系的不确定性，加之研究区域的特异性，研究者往往根据研究区域提出各种不同的评价指标体系，但其评价标准与指标值的客观性，仍然值得进一步探讨，由于没有统一的指标体系构建标准，各个评价体系的评价结果的可信度也需要验证，指标体系框架远远没有达到应有和推广的程度。中国生态安全研究今后应注意从国家层面上来构建评价体系，然后选取有代表性的区域进行案例研究，进而总结出适合中国的生态安全保障体系。重点研究区域应特别重视对生态脆弱带和重点流域的研究，就重点研究领域而言则有区域安全阈值、生态安全监控系统、生态安全预报和警报系统的研究内容。

3. 基于多尺度的生态安全评价方法探索

针对不同的研究对象、不同的生态系统，建立一般性和特殊性的生态安全模型和科学方法。任何模型都有其特点，适用范围也有所不同，需要根据不同生态系统的特点，探索不同的模型来研究。此外，进行空间模型的研究应充分结合利用现代空间信息技术手段，在区域空间分析方面加以发展，这是未来生态安全研究方法发展的一个重要方面。不同尺度的生态安全表现为不同的状态，建立具有针对性的生态安全评价方法是将生态安全评价与生态环境管理落到实处的关键。

4. 重视动态的评价、模拟、预警研究及对模型的评价

从生态安全的定义可知，生态安全评价即是对复合生态系统的评价，而生态系统是一个结构和功能都很复杂的系统，但目前生态安全评价一般采用静态的描述和分析，不能准确地反映各系统之间的相互关系，动态模型的运用能客观地反映各要素之间的相互关系，还可以进行趋势预测。由于目前的研究缺乏对生态安全模型本身可信度与准确度的评价，因此，对生态安全评价研究来说，模型的可信度与准确度的评价、动态模拟、生态安全预警及趋势预测将成为未来的研究重点（和春兰等，2010）。

本书旨在从宏观层面上构建我国生态安全格局，对生态系统重要性及脆弱性进行划分，识别保护关键生态系统类型及对我国生态安全具有重要意义的重点区

域，为生态环境保护与建设筛选目标区域，从而有效遏制和减少恶性生态与环境事件发生，也从中观层面对生态安全格局中起到重要作用的区域进行生态安全现状评价以及生态环境建设成效评价，提出针对不同类型区域的生态环境保护与建设对策建议，将生态环境保护落到实处，从而形成保障我国生态安全的多层次、多尺度网络体系。

1.2 生态安全理论基础

生态安全与生态风险在概念上存在着紧密的联系，生态安全是从生态风险分析发展而来的。狭义的生态风险只针对人类健康而言，主要评价有毒化学物引起的风险；广义的生态风险是指生命系统各层次的风险，尺度上涉及个体、种群、生态系统、区域、景观等。目前中国的生态风险评估研究大多是狭义层面上的评估，其研究多数集中在化学污染物的风险上。生态风险从反面表征了生态系统的安全与否。生态系统健康和生态系统服务（ecosystem service）则从正面表征了生态系统的安全状况。生态系统健康主要研究生态系统及其组分的安全与健康状况，而生态安全与否是看是否拥有健康的生态系统，因此，生态系统健康从正面表征了生态系统的安全状况；生态系统的服务功能是实现可持续发展的基础，作为表征区域可持续发展水平的一项综合指标，其价值是区域生态环境变化结果的综合化与定量化，其变化与社会经济活动密切相关，是系统安全的基本保证，因此也可以表征生态系统的安全状况。总之，可持续发展、生态风险、生态系统健康与生态系统服务功能均以生态系统为基本出发点，着重研究生态系统的安全水平，而生态系统安全又是生态安全研究的核心。因此，可以用生态风险、生态系统服务功能、生态系统健康来表征生态安全，最终的目的是更好地实现经济—社会—环境的可持续发展（和春兰等，2010）。从对生态安全概念的理解上可以看出，生态系统服务功能、生态系统健康、生态风险都是与生态安全有着密切联系的三个概念（刘红等，2006b）。

生态系统服务功能是指生态系统与生态过程所形成及所维持的人类赖以生存的自然环境条件与效用，它强调生态系统尤其是自然生态系统的输出作用即对人类社会经济系统的支持作用，所表达是一种单向的、由生态系统指向人类社会经济系统的不可逆关系，是自然生态系统的属性。生态系统健康是环境管理与生态系统监控的目标，根据 Costanza（1998）等对生态系统健康的定义可知，如果一个生态系统是稳定和持续的，也就是说它是活跃的、能够维持它的组织结构，并能够在一段时间后自动从胁迫状态恢复过来，这个生态系统就是健康的，V（活力）、O（组织结构）、R（恢复力）是表征系统健康的三个主要特征。因此，生态系统健康主要研究生态系统及其组分的安全与健康状况，即生态系统及其组分对于外界干扰是否能够维持自身的结构和功能。从这方面看，安全的系统必定是一个能够提供完善服务的健康系统，由安全可以推出服务功能及健康状态，生态安全是系统提供完善服务及系统健康的充分条件。生态风险是指特定生态系统中所发生的非期望事件的概率和后果（如干扰、灾害对生态系统结构所造成的损害），不能认为没有风险的生态系统就是安全的，需要与系统所处的健康状态及系统所提供的服务相联系，但安全的系统一定不存在任何风险，因此，生态安全也是生态风险的充分而非必要条件，生态风险从反面表征了系统安全受胁迫的程度。无论如何，生态系统服务功能、生态系统健康与生态风险均以生态系统为基本出发点，着重研究生态系统的安全水平，而生态系统安全又是生态安全研究的核心。

生态安全的本质有两个方面：一个是生态风险；另一个是生态脆弱性。生态风险是指特定生态系统中所发生的非期望事件的概率和后果，如干扰或灾害对生态系统结构和功能造成的损害，其特点是具有不确定性、危害性和客观性。生态脆弱性是指一定社会政治、经济、文化背景下，某一系统对环境变化和自然灾害表现出的易于受到伤害和损失的性质。这种性质是系统自然环境与各种人类活动相互作用的综合产物。对于生态安全来说，生态风险表征了环境压力造成危害的概率和后果，相对来说它更多地考虑了突发事件的危害，对危害管理的主动性和积极性较弱；而生态脆弱性应该说是生态安全的核心，通过脆弱性分析和评价，可以知道生态安全的威胁因子有哪些，是如何起作用的，人类可以采取怎样的应对和适应战略等。回答了这些问题，就能够积极有效地保障生态安全。因此，生态安全的科学本质是通过脆弱性分析与评价，利用各种手段不断改善脆弱性，降低风险。

1.2.1 生态风险评价理论

自工业革命以来化石能源的广泛使用为人类社会带来了飞速的发展，同时也带来了一系列生态环境问题，气候变暖、生物多样性锐减、酸雨、水资源短缺、环境污染、生态系统退化等一系列问题，使得人类的风险意识逐渐增强。生态风险就是生态系统及其组分所承受的风险，它指在一定区域内，具有不确定性的事故或灾害对生态系统及其组分可能产生的不利作用，包括生态系统结构和功能的损害，从而危及生态系统的安全和健康（毛小苓和倪晋仁，2005）。区域生态风险评价是在区域尺度上描述和评估环境污染、人为活动或自然灾害对生态系统及其组分产生不利作用的可能性和大小的过程。主要是为区域风险管理提供理论和技术支持，与种群或群落生态风险评价相比，其涉及的环境问题的成因及结果都具有区域性（孙洪波等，2009）。一些学者定义生态风险评价为评价生态系统或其组分在暴露于一种或多种与人类活动相关的压力下（化学压力、物理压力、生物压力）形成或可能形成不利的生态效应可能性的过程（Hope，2006）。目前针对城市（王美娥等，2014）、景观（彭建等，2015）、流域（王雪梅等，2010；许妍等，2012）等不同的领域生态风险评价都得到了不断的发展。

生态风险评价的关键是调查生态系统及其组分的风险源，预测风险出现的概率及其可能的负面效果，并据此提出响应的舒缓措施。风险源（压力或干扰）是指对生态环境产生不利影响的一种或多种化学的、物理的或生物的风险来源。这些风险源可以是人为活动产生，或来源于自然灾害产生的压力。目前大部分生态风险评价研究集中在化学污染物方面。风险概率估计是应用数学方法对不确定性事件及其后果进行分析。风险评价的一个重要特征就是不确定性因素的作用，评价过程中要求对不确定性进行清晰的定性和定量化研究，并将评价的最终结果用概率来表示。生态效应是指对有价值的生态系统的结构、功能或组分产生的不利改变和危害。确定不利的生态效应，亦即确定生态风险评价的生态终点，如对特定动植物的危害作用或特定生境的消失等。生态终点可以包括各个生命组建层次，风险评价就是研究不同层次危害作用的类型、强度、影响范围和可恢复性等内容。目前的研究大多集中在个体和种群水平。生态风险评价是在风险管理的框架下发展起来，重点评估人为活动引起的生态系统的不利改变，最终为风险管理提供决策支持。因此，生态风险评价并不是单纯的学术研究，而要提供各种信息，帮助决策者对可能受到威胁的生态系统采取相应的保护和补救措施（毛小苓和倪晋仁，2005）。由此可见，生态风险在一定程度上反映了生态安全的状态，但又不能完全等同于生态安全。

1.2.2 生态系统服务功能理论

生态系统服务功能是生态系统安全的基本保障，生态系统服务的供给能力和保障水平决定着区域生态安全水平（郭中伟和甘雅玲，2003），生态系统服务功能的改变将直接影响区域的生态安全状况，只有功能正常、完善的生态系统才是健康的，才能维持人类与社会经济的可持续发展。同时生态系统服务功能一定程度上反映了生态系统与人类活动和社会需求的密切关系，生态系统服务功能不仅能满足各种社会需求，人类通过管理也可对生态系统服务功能适当调整，故生态系统服务功能反映了生态环境的安全程度，人类对生态环境的影响，以及对生态环境管理的优劣程度（迟妍妍等，2010）。从这个角度理解生态安全是通过保护生态系统服务功能来保护人类需求，生态系统服务供给能力与人类对生态系统服务的利用方式紧密相连，因此，生态安全是可以调控的，通过对生态系统服务的有效管理，合理应对导致生态系统服务退化的直接或间接驱动力和决定因素（Alcamo and Al，2003；张永民和赵士洞，2007），或加强对生态系统服务的权衡利用方式（Defries et al.，2008），能有效改善区域的生态安全状况。

生态系统服务功能的研究是近几年才发展起来的生态学研究领域。目前被普遍认可的概念是 1997 年 Daliy 等提出的，生态系统服务是指自然生态系统及其物种所提供的能够满足和维持人类生活需要的条件和过程”（阎水玉和王祥荣，2002）。欧阳志云、王如松等对生态系统服务功能的概念作了如下的概括：生态系统服务功能是指生态系统与生态过程所形成及所维持的人类赖以生存的自然环境条件与效用（桓曼曼，2001）。

Costanza 等（1997）将生态系统服务分为气体调节、气候调节、干扰调节、水分调节、水分供给、养分循环等 17 个类型。研究内容的单一主要体现在两方面：一方面是研究类型的单一，即与外国研究相比较，我国生态系统研究类型主要集中在森林和草地这两种生态系统，关于河流、湿地等生态系统类型的研究则很少；另一方面在对生态系统的研究更多集中于生态系统服务功能价值量的评估。从 20 世纪 90 年代生态系统服务概念的引进后，我国关于这方面的研究文章迅速增多，但多集中于生态系统服务价值化的研究，从核心期刊分析看出，以生态系统服务为关键词的文章里 90%以上都是就不同区域生态系统类型服务价值量的核算，这很容易使人们忽略生态系统服务机理、过程、概念等其他方面的研究。同时在对价值化研究中，关于服务功能的赋值、指标的选取更是机械式套用，使得算出的结果不能正确反映研究区生态系统服务功能，而且评估出的价值往往要高于实际交易价值，进而影响政府企业决策的制定。评价尺度的选择一般来讲，对于生态系统的评价尺度主要包括空间、时间以及功能上的三大尺度。空间尺度是指生态系统在地球所占的面积大小，范围可以从全球逐步缩小到大陆再到区域以及景观最后到斑块，而根据所评定的尺度的不同选取不同的研究范围。目前国内研究多集中在中小尺度上，尺度选择单一；生态系统是个动态的开放系统，因此对生态系统的评价在时间尺度上主要包括对生态系统的过去、现在和未来的研究，而现在的评价多是对生态系统现状的研究，对生态系统的未来预测虽然也有学者曾经做过相关研究，但是对过去生态系统的变化却少有人问津。要想正确地揭示生态系统自身规律，就要对过去进行研究，因为它是现状的产生原因，而现状的种种作用又会对未来造成不同程度的影响，为生态决策者制订计划和进行管理产生重要作用；功能尺度上的研究是针对生态系统的功能，重点在于各功能间的相互连接和关系及彼此的平衡。现在由于受不同利益部门的影响对于生态系统评价往往只关注它的某一项功能而忽视了各功能之间的联系，如森林生态系统，林业部门则重视木材的生产，而环保部门则会更注重它的环境功能。同理由于各功能间存在联系，有时一种功能的改变会影响到其他或者更多功能，如将湿地生态系统改造成农田系统，虽然农作物产量会增加，但也会随之丧失了水质净化，调节气候等功能。正是由于人类活动的参与，现在对生态系统的评价除了以上三种尺度外，我们还应考虑到行政尺度。生态系统服务功能在不同尺度上产生，因为不同行政尺度，产生对生态系统服务功能价值的不同认识，考虑行政尺度，有利于分析生态系统服务在不同社会经济系统内的分配，能更好地将生态系统服务评价应用到经济活动中去，意识到生态系统服务功能的重要性，而不只是计算出一个现实意义不大的“天文数字”。此外，对生态系统服务功能的不同赋予价值也体现了人们对其的支付意愿的不同，因此利益集团在做决策时要避免因为支付意愿的不同，而放弃对某些生态系统的保护投资，威胁生态系统安全和生态系统服务功能。生态系统从生态系统服务功能分类到评估指标以及后来的评价方法都是多种多样，在研究应用的时候有的学者根据所研究区域特征和研究目的进行具体的方法选择得出评价结果，也有的学者则直接照搬外国模型和参数，不考虑我国生态条件和社会经济差异。正因为如此也给评价结果带来许多不便，由于各区域社会发展水平、人们受教育程度以及自然状况的差异，导致国内外就同一地区生态系统服务功能评价的结果也大不相同。如果根据各地区具体情况来进行研究，得出的结果仅仅代表了该生态系统服务在当地所体现出的价值，与其他地区同类型生态系统服务价值的评价结果相比，又存在很大障碍。如果建立全国性统一标准，则这种跨区域比较可以实现，但也会面临所得结果不被当地居民所接受的可能。因此是否需要建立一个统一性评价准则、如果对其进行统一化以及如何避免出现上述问题，已成为现在有待探讨和解决的问题。综上所述，对于生态系统服务的研究国内外学者已经取得了一系列的成果，在不同尺度类型上也做出了大量地工作。在这些工作中大部分都只是利用 Costanza 等（1997）的研究成果进行单一的整体评估，对于生态系统服务功能基本概念、形成机理、特征等基础性研究较少。评价尺度多是在空间范围内进行选择，忽略了时间和利益尺度上的影响，而且多是在生态系统服务功能价值量上的研究，由于货币价值量存在区域差异，以及国内外学者对于生态系统服务功能所含价值及价值定义不统一，关于生态系统服务功能价值量的研究成果多存在差异，对不同区域或同区域间生态系统服务功能对比带来不便。为了解决上述问题，也为了更方便地对生态系统服务功能进行评价，该研究进行了尝试性研究分析，从自然生态系统构成结合人类社会对自然环境的影响出发，分析了生态系统服务功能形成机理，在形成机理的基础上，选取人文、自然等因子构建了一套在空间、时间、功能以及行政尺度上适合区域各生态系统的评价指标体系（党宏媛，2013）。

1.2.3 生态系统健康评价理论

自然生态系统提供了人类赖以生存和发展的物质基础与生态服务，维持健康的生态系统是实现人类社会经济可持续发展的根本保证。而作为环境管理的目的与基础，生态系统健康则为环境管理提供了新思路和新方法。因此，由于健康概念对可持续的人类未来的本质刻画，在全球社会经济高速发展导致自然生态系统健康状况日益恶化的严峻形势下，生态系统健康及其评价研究不仅具有重要的应用价值，而且丰富了现代生态学的研究内容，已成为当前生态系统管理的重要问题、生态系统综合评估的核心内容和宏观生态学研究的热点领域之一。作为宏观生态学的重要研究对象，生态系统健康具有显著的时空尺度特征。区域作为宏观生态系统管理研究与实践的最适宜空间尺度，是进行生态系统健康及其评价研究的关键尺度，区域生态系统健康评价则逐步成为生态系统健康评价研究的重要方向之一。而研究尺度的放大，必然导致区域生态系统健康不同于生态系统健康的内在特质，相应评价原理与方法亦有不同。因此，本研究结合目前区域尺度生态系统健康评价的相关研究进展，探讨区域生态系统健康评价的基本原理与方法，进而展望下一步的研究重点与方向（彭建等，2007）。

生态系统健康指结合人类健康，在生态学框架下对生态系统状态特征的一种系统诊断方式。目前关于这一概念的确切定义，国内外学者仍未达成共识。众多学者分别从不同的学科视角和研究个案出发对其进行了界定，而依据是否考虑生态系统对人类社会的服务功能，可以简单地划分为生物生态学定义和生态经济学定义两类，其中，前者主要提出于20世纪90年代早期，以Costanza等（1997）的定义为代表，但多局限于生物物理范畴，倾向于强调生态系统的自然生态方面，而忽视社会经济与人类健康因素；后者则多于20世纪90年代晚期提出，以Rapport等（1998）的界定最为典型，将人类视为生态系统的组成部分，同时考虑生态系统自身的健康状态及其满足人类需求和愿望的程度，即生态系统服务功能。综合来看，生态经济学定义代表了生态系统健康概念研究的最新进展，得到了多数学者的认同（彭建等，2007）。

生态系统健康的制约因素很多，多为人类活动所致。例如，污染物排放、非点源污染、过度捕捞、围湖造田、水土流失、外来种入侵和水资源不合理利用等均是生态系统健康的主要制约因素。①自然因素主要有：自然干扰的改变，如火灾、河流改道、地震、病虫害爆发等，可引起生态系统功能的削弱甚至消失；自然生态系统的退化，如草地生态系统的退化、森林生态系统的退化和土坡生态系统的退化等，可直接导致生态系统功能的减弱。②人为因素主要有：过度开发利用，指对陆地、水体生态系统的过度收获，主要后果是物种的消失、生态系统结构的失调、功能的减弱甚至消失。例如，人类对鱼类资源的需求激增，导致过度捕捞造成种群数量减少，破坏了生态系统原有的结构，致使其功能发生变化；由于植被破坏导致水土流失，水土流失所产生的泥沙会影响到水体的物理性质（浊度、透明度及水的动力学性质等），破坏水生态系统健康评价的指示物种生物群落的组成、结构和功能，导致水生态系统健康状况的恶化。物理重建是指为达到某种目的来改变生态系统结构和功能，可能导致生物多样性的减少、水质下降和有毒物质增加，从而影响生态系统健康。例如，围湖造田一方面缩小了湖泊面积，导致湿润生境丧失，引起水生植物的局域灭绝和干旱植物的入侵；另一方面，截断了湖群之间的物质、能量和物种交流，破坏了水生态系统的完整性，严重威胁水生态系统的存续这种行为的生态影响是毁灭性的。外来种的侵入（或引入）引进外来种引起乡土种消失或生态系统水平的退化。值得指出的是，这些因素对生态系统健康的影响机理不一定相同，有时是单一因子的胁迫，有时是多因子综合胁迫，生态系统内个体、种群、群落和生态系统不同层次对胁迫的反映也不一致，环境污染加剧，例如，点源污染：工业废水和生活污水中含有多种有毒污染物和过量养分，它们对生态系统健康产生不同程度的影响；面源污染：现代农业中农药和化肥的大量施用，导致地表径流含有多种污染物和过量养分，经常引起水体污染和富营养化，使水生态系统的结构和功能发生改变（孔红梅等，2002）。

第2章　生态安全格局

2.1　生态安全格局研究现状

2.1.1　生态安全格局研究进展

目前生态安全格局的构建多是针对特定的城市和区域，对于全国尺度的生态安全格局构建研究较少，俞孔坚等（2009）曾尝试通过单要素叠加法架构我国生态安全格局，但由于其采用自然边界，无法与我国行政边界相吻合，在管理落实时较为困难。

国外生态安全格局大多以自然保护地的形式进行构建，根据管理对象的不同，可以将自然保护地分为不同的类型。世界自然保护联盟（IUCN）在1994年发布的《保护区管理类型指南》中，将自然保护地划分为6种类型，是自然保护地认可度最高的分类体系。根据此分类体系，自然保护地可分为严格自然保护地（Ⅰa）、荒野保护区（Ⅰb）、国家公园（Ⅱ）、自然遗址（Ⅲ）、栖息地/物种管理保护地（Ⅳ）、陆地/海洋景观保护地（Ⅴ）和需要经营的资源保护地（Ⅵ）。根据保护等级的严格程度，该体系又可分为三大类，即严格保护类（Ⅰa、Ⅰb、Ⅱ）、栖息地/遗址管理类（Ⅲ、Ⅳ）和可持续利用类（Ⅴ、Ⅵ）。以此分类体系为基础，世界保护地委员会（WCPA）与IUCN建立了数据库收录全世界自然保护地信息。该数据库统计显示，截至2012年底，全世界共建立了自然保护地177 547处，覆盖了地球表面12.7%的陆地面积与1.6%的海洋面积。

国土尺度的保护规划兴起也为生态安全格局构建提供了理论的前期研究基础。美国早在1915～1916年由景观规划师曼宁（Manning W.H.）开展的国土规划旨在制定资源综合保护与利用战略，并提出以自然资源和自然系统为基础的土地分类思想。从20世纪50年代逐渐兴起的以绿色廊道运动为代表的生态网络规划建设逐渐成为自然资源保护规划的新热点。欧洲也出现绿色廊道、生态网络、生境网络、洪水缓冲区等概念。亚洲的新加坡等国也陆续开展绿色廊道规划研究。我国的防护林体系建设也可看作为国土尺度的绿色廊道网络。90年代以来在国内外逐渐兴起的生态（绿色）基础设施概念正日益成为自然资源保护和空间规划领域广泛认可的新工具，并在美国马里兰、明尼苏达、伊利诺伊、佛罗里达、佐治亚、亚拉巴马、密西西比、南卡罗来纳、田纳西、肯塔基等州相继开展相关规划研究。我国也在浙江台州、山东威海、菏泽等地进行了生态基础设施规划的探索研究。这些研究为各种尺度上开展生态安全格局规划提供了很好的借鉴案例（俞孔坚等，2009）。

近年来，我国相继开展了生态功能区划与主体功能区规划，提出了关系国土生态安全的重要与重点生态功能区，以及禁止开发区，初步构建了我国国土生态安全格局。《全国生态功能区划》由环境保护部和中国科学院于2008年联合发布，该成果在生态现状调查、生态敏感性与生态服务功能评价的基础上，明确了全国尺度的主要生态服务功能和生态敏感性的空间格局，提出了全国生态功能区划方案，并根据水源涵养、土壤保持、防风固沙、生物多样性保护、洪水调蓄等生态调节功能的重要性程度，提出了50个国家重要生态功能区，总面积为224.5万km^2，约占国土面积的23.4%。《全国主体功能区规划》于2010年由国务院颁布，主要包括优化开发、重点开发、限制开发与禁止开发4类主体功能区，其中属于限制开发区的国家重点生态功能区25个，总面积约386万km^2，占国土面积的40.2%，分为水源涵养型、水土保持型、防风固沙型和生物多样性维护型4种类型。另外，根据法律法规和有关方面的规定，国家禁止开发区域共有1443处，总面积约120万km^2，占国土面积的12.5%，主要包括国家级自然保护区、世界自然与文化遗产地、国家级风景名胜区、国家级森林公园和国家级地质公园5种类型。与以自然保护地为基础的生态安全格局不同，我国生态安全格局不仅考虑重要物种及自然资源的保护，更强调对生态系统功能的保护，从而支撑社会经济的可持续发展（徐卫华和栾雪菲等，2014）。

我国生态安全格局的构建工作虽然取得了长足的进步，但仍存在一些问题，首先生态安全格局的空间布局仍不尽合理，重点生态功能区主要分布在西北、西南与东北地区等地，涉及区域人口相对较少，经济发展相对落后，对我国社会经济发展较快的东部地区生态支撑明显不足；其次，重点生态功能区没有考虑洪水调蓄功能，尚未将我国重要的湖泊、湿地纳入其中；最后，对自然保护地考虑不全面，作为法律法规明确规定的生态类型的保护地，除了禁止开发区规定的国家级自然保护区、世界自然与文化遗产地、国家级风景名胜区、国家级森林公园与国家级地质公园外，还有水产种质资源保护区、湿地公园、水利风景区、水源保护区等其他类型，并且，除了国家级或者世界意义的保护地以外，还有省级或者市县级等其他等级的自然保护地；此外，《全国生态功能区划》与《全国主体功能区规划》的协调问题对于我国生态安全格局的构建与保护也十分重要，只有将二者充分的协调起来才能避免政策的冲突与模糊，使生态环境保护更能有的放矢。

2.1.2 生态安全格局理论体系

生态安全格局（ecological security patterns，ESP）是维护区域生态安全的有效手段，从不同的理论角度出发，对其存在不同的理解，如从地理学理论角度出发的土地利用结构优化配置（张虹波和刘黎明，2006），从景观生态学理论角度出发的景观格局优化（韩文权等，2005）等，这些概念多以单一学科的理论和方法进行分析，而缺乏学科之间的交流和综合。区域生态安全格局的提出弥补了这些不足，其理论基础涉及景观生态学、干扰生态学、保护生态学、恢复生态学、生态经济学、生态伦理学和复合生态系统理论等。它是指针对特定的生态环境问题，以生态、经济、社会效益最优为目标，依靠一定的技术手段，对区域内的各种自然和人文要素进行安排、设计、组合与布局，得到由点、线、面、网组成的多目标、多层次和多类别的空间配置方案，用以维持生态系统结构和过程的完整性，实现土地资源可持续利用，生态环境问题得到持续改善的区域性空间格局（刘洋等，2010）。国土尺度生态安全格局（security pattern，SP）是国家与区域的自然生命支持系统，它是由河流、湿地、林地、草原、野生动物栖息地和其他自然区域共同构成的相互连接的生态网络，用以支持生物物种、维护自然生态过程、提供空气和水资源，提高居民健康和生活质量。本书的研究范围仅限我国陆地生态系统，未包含海洋和大陆架范围（俞孔坚等，2009）。国家生态安全体系是指从国家利益的高度所建立的宏观生态安全系统，它不仅关系到国民赖以生存的资源与环境的有效保护，而且关系到国民经济的整体发展以及国家的安全和稳定。国家生态安全体系建设的战略重点是生态安全网、生态战略点以及生态脆弱区的恢复与重建（刘沛林，2000）。

生态安全、生态安全评价和区域生态安全格局三者之间有着密切的联系。生态安全评价是对生态安全状况的反映，也为区域生态安全格局提供依据。区域生态安全格局构建则通过发挥人的主观能动作用来主动干预，促进人类-环境耦合系统各要素的优化配置，保证系统健康、稳定和持续的发展，最终实现区域生态安全状况的改善。

2.2 生态安全格局内涵

我国对生态安全格局的研究开始于20世纪90年代。从不同的理论角度出发，学者们对生态安全格局的定义有不同的理解：马克明等（2004）认为生态安全格局是针对区域生态环境问题，在干扰被排除的基础上，能够保护和恢复生物多样性、维持生态系统结构和过程的完整性、实现对区域生态环境问题有效控制和持续改善的区域性空间格局；张虹波和刘黎明（2006）从地理学理论角度出发，强调对土地利用结构优化配置；刘洋等（2010）强调对区域内的各种自然和人文要素进行安排、设计、组合与布局，用以维持生态系统结构和过程的完整性，实现土地资源的可持续利用、生态环境问题的持续改善。欧阳志云和郑华（2014）从生态系统服务功能的角度出发，对生态安全格局给出了较为简洁的定义，认为国土生态安全格局是指国家为了保障生态安全而规定的生态保护用地的布局。其中生态保护用地主要是指具有重要生态服务功能、以提供生态产品和生态服务为主的区域，主要分为两种类型：一是具有重要调节与支撑功能的区域，包括水源涵养、地下水补给、土壤保持、生物多样性保护、固碳、自然景观的美学价值等方面，这些生态功能是经济社会发展的基础，生态破坏与生态系统退化将导致这些生态功能的退化，引起区域生态承载力的下降；二是具有重要生态防护功能的区域，即预防和减缓自然灾害的功能，包括洪水调蓄、防风固沙、石漠化预防、地质灾害防护、道路和河流防护、海岸带防护等。这类区域通常具有较大的生态风险，生态系统脆弱，一旦受到破坏容易导致重大生态环境问题或者自然灾害，危及区域乃至国家生态环境质量和生态安全。由此可见，构建国土生态安全格局，就是通过保护一定面积与特定区域的具有重要生态系统服务功能的土地，使国土支撑、调节与防护功能得到保护与恢复，能支撑经济社会的可持续发展，同时能预防与减缓自然灾害（徐卫华等，2014）。

生态区划主要着眼于合理地进行区域性自然资源的开发，把开发利用和保护之间的矛盾统一起来，使自然资源得以永续利用，从而保证区域性经济的可持续发展。而划分生态区域的理论基础，就是对生态系统的认识理解。生态区划的任务就是揭示生态系统的形成以及结构和功能，充分认识生态区域的相似性和差异性，从而使生态区划更加完整。同时，由于作为主体的人类与生态环境是一个有机的整体，所以生态区划必须考虑人类活动在资源开发利用和生态环境保护中的作用和地位（章华华，2013）。生态区划的目的是对当前的生态环境状况要有一个宏观的了解，并且区分不同区域的主要环境问题，为区域经济的发展和环境保护政策的制订提供科学依据（Omernik，1995）。

生态区划是指在对生态系统客观认识和充分研究的基础上，应用生态学原理和方法，揭示自然生态区域的相似性和差异性规律以及人类活动对生态系统干扰的规律，从而进行整合和分区，划分生态环境的区域单元（刘国华和傅伯杰，1998；傅伯杰等，2001）。所谓生态功能区划（ecological function regionalization，EFR），就是在分析研究区域生态环境特征与生态环境问题、生态环境敏感性和生态服务功能空间分异规律的基础上，根据生态环境特征、生态环境敏感性和生态服务功能在不同地域的差异性和相似性，将区域空间划分为不同生态功能区的研究过程。生态功能区划的本质就是生态系统服务功能区划。换而言之，生态功能区划是一种以生态系统健康为目标，针对一定区域内自然地理环境分异性、生态系统多样性，以及经济与社会发展不均衡性的现状，结合自然资源保护和可持续开发利用的思想，整合与分异生态系统服务功能对区域人类活动影响的不同敏感程度，构建的具有空间尺度的生态系统管理框架。生态功能区划和生态特征区划是生态区划的两大组成部分。相比生态特征区划，生态功能区划反映了基于景观特征的主要生态模式，强调了不同时空尺度的景观异质性。景观异质性是指景观尺度上景观要素组成和空间结构上的变异性和复杂性，其来源主要是环境资源的异质性、生态演替和干扰。景观异质性不仅是景观结构的重要特征和决定因素，而且对景观格局、过程和功能具有重要影响和控制作用，决定着景观的整体生产力、承载力、抗干扰能力、恢复能力，决定着景观的生物多样性。因此，通过识别生态系统生态过程的关键因子、空间格局的分布特征及动态演替的驱动因子，就能揭示生态系统服务功能的区域差异，进而因地制宜地开展生态功能区划，为区域经济-社会-生态复合系统的可持续发展，提供了一种新的思路和途径（蔡佳亮等，2010）。

生态区划的任务就是真实、客观而全面地反映出个区域单元的分异规律。这就要求人们首先对生态系统的形成过程、结构和功能特点、分布规律及其相关的要素要有一个客观的认识过程。因此，生态区划的原则取决于区划的客体及人们对它的认识程度。众所周知，现存生态系统是自然界长期演化发展和人类活动干扰的综合结果。不同生态系统占据着一定的地理空间位置，具有各自的结构、功能等特点，而且受不同强度人类活动的影响。一般而言，生态系统具有以下特性：生态系统的相似性和差异性；生态系统的等级性；人类干扰的强弱性等。正是由于生态系统的这些特性，人们才能客观地将自然界的各生态系统进行合并与分异，从而划分其区域单元。因此，生态区划必须遵循以下原则：一是生态区域的分异原则。宏观生态系统是一个由一系列不同类型组合的、在空间上连续分布的整体。在不同的区域范围内，由于气候、地貌、地形、土壤等条件的不同，因而表现出与此相联系的生态系统的分异。根据这些差异，就能划分出不同的生态单元。由此可见，生态区域的分异原则是生态区划的理论基础，也是生态区划的最基本原则。二是生态系统的等级性原则。等级性理论是了解生态系统空间格局的基础，它包含生态系统的结构等级和生态过程等级两方面的内容。一般而言，生态系统的等级性体现的特点有：①高等级组分的格局能在低等级中得到反映；②低等级组分的存在依附于高等级；③物质和能量通常从高等级流向低等级；④一些独立组分的变化不可避免地影响到相关的组分。可见，等级性原则是生态区域逐级划分的理论依据。三是生态区域内的相似性和区际的差异性原则。自然地理环境是生态系统形成和分异的物质基础，虽然在一区域内其总体的生态环境趋于一致，但是由于其他一些自然因素的差别，因此使得区域内各生态系统的结构也存在着一定的相似性和差异性，而生态区划正是根据其相似性和差异性加以识别和概括，然后进行区域的合并和分异。这一原则是划分生态区域的重要原则。此外，生态环境是人类赖以生存和发展的物质基础，而人类活动又对生态环境产生一定的影响。现存的生态系统都或多或少地受到人类活动的影响，但是由于区域间受人类活动的作用不同，因而对各区域生态环境的影响也存在着一定的差异，导致不同区域面临的生态环境问题有所不同。因此，在生态区划时必须考虑到人类活动的因素，正确评估人类活动在生态环境中的作用和地位（傅伯杰等，2001）。傅伯杰等（2001）将我国划分为 3 个生态大区、13 个生态地区和 57 个生态区。

生态安全格局的形成是以保证国家生态安全为基础进行的生态区划，它利用原有生态区划、生态功能区划的原理，以生态安全评价为基础，以保障一定时期国家和区域生态安全为目标，通过宏观规划实现区域经济和环境的协调发展，充分体现了自然规律和人的主观能动性。俞孔坚等（2009）通过对江河源区水源涵养、洪水调蓄、沙漠化防治、水土保持和生物多样性保护 5 种维护生态安全最关键的自然过程进行系统分析评价而划定。首先对单一生态过程进行分析与评价，得出各自相应的生态安全格局；在此基础上通过叠加、综合，初步构建基于 5 种生态过程的国土尺度生态安全格局。

2.3 生态安全格局构建方法

目前生态安全格局的构建方法主要包括数量优化方法、空间优化法和综合优化法。

2.3.1 数量优化方法

数量优化方法主要应用在土地资源的优化利用配置领域，包括线性规划、多目标规划、图论等最优化技术法和系统动力学模型（杨姗姗，2015）。最优化方法是从所有可能的方案中搜索出最合理的、达到事先预定的最优目标方案的方法，主要包括了线性规划、非线性规划、多目标规划、动态规划以及图论与网络流等。系统动力学模型是建立在控制论、系统论和信息论基础上的一种动力学模型，其突出特点是能够反映复杂系统结构、功能与动态行为之间的相互作用关系，通过规划目标与规划因素之间的因果关系建立信息反馈机制，考察系统在不同情景下的变化行为和趋势。龚健等（2006）利用系统动力学模型和多目标规划对武汉市黄陂区土地利用方案进行优化设计。涂小松等（2009）应用 SD 原理探讨了在经济发展优先和生态保护优先两种情景下，江苏无锡市的土地资源优化配置。

2.3.2 空间优化法

空间优化法分为基于生态学理论的景观格局优化模型、GAP、元胞自动机（CA）等，其中最小阻力模型法目前最为常见。Wei 等（2009）构建最小阻力模型（MCR）对甘肃石羊河流域景观格局进行优化配置。王琦等（2016）以安徽宁国市为例构建了基于源-汇理论和 MCR 模型的城市生态安全格局。刘吉平（2009）基于 GAP 分析提出扩大保护区面积、建立廊道和设立微型保护地块的规划措施。构建了生态源区和生态廊道组成的生态空间安全格局 MCR 模型属于景观格局优化模型的范畴，源于物种扩散过程研究。物种在穿越异质景观时必须要克服一定的景观阻力，其中累积阻力最小的通道即为最适宜的通道（李晶等，2013)。MCR模型的优势在于综合考虑了景观单元之间的水平联系，而非景观单元内部的垂直过程，能够反映生态安全格局的内在有机联系（刘孝富等，2010)。

2.3.3 综合优化法

综合优化法是将不同的优化模型有机结合起来，寻求解决问题的最优方法，这种模型往往综合了各种模型的优点，又能满足数量结构上的优化，又考虑到空间格局的优化（刘洋等，2010)。目前，具有代表性的有CLUE-S模型和集成模型。梁友嘉等（2011）利用CLUE-S模型和SD模型集成建模，弥补了现有土地利用模型的缺点，将其应用于张掖市的甘州区土地利用情景分析；周锐（2011）用CLUE-S模型和Markov模型模拟三种情景下江苏常熟市辛庄镇土地利用变化的时空特征。

第3章　生态安全评价方法

生态系统是人类文明起源、传承和发展的载体。随着全球经济、社会的发展，区域生态安全已成为国家和地区安全的重要组成部分。国外生态安全评价的指标主要包括国际经济合作与发展组织（OECD）提出的“压力-状态-响应”（PSR）评价体系；联合国可持续发展委员会（UNCSD）的“驱动力-状态-响应”（DSR）评价体系；欧洲环境署的“驱动力”“影响”两类指标构成的评价体系（DPSIR）。在系统健康诊断与风险评估方面发展迅速，采用数学模型、生态模型、暴露-响应概念性框架模式等有效工具，使生态安全评价研究进入深层次的内在关系研究。国内目前主要应用PSR概念框架的数学模型；此外发展了生态足迹法、物元模型法、景观格局分析法、能值分析法、GIS等空间信息技术（李中才等，2010）。

3.1　生态安全评价方法概述

3.1.1　生态安全评价的目标与意义

1. 生态安全评价目标

生态安全是可持续发展、地理学、生态学及资源与环境科学等学科的研究热点，而生态安全评价是生态安全研究的基础与核心。国家尺度的生态安全需要建立全国范围内的生态安全保障体系，因此一些生态环境良好的区域就必须要做出相应的牺牲，如何建立既满足国家整体生态安全战略需求，又能依据区域自身特色确立具有针对性的生态安全保护目标，实现多尺度的联动保护，成为区域生态安全评价的最终目标，确定不同尺度的生态保护目标是实现生态安全保护的重要途径。

2. 生态安全评价作用

生态安全评价是对特定时空范围内生态安全状况的定性或定量的描述，是主体对客体需要之间价值关系的反映。一般情况下，生态安全评价流程包括评价指标体系的构建，评价标准的确定，生态安全评价模型的构建，以及生态安全表征（刘洋等，2010）。

3. 生态安全评价意义

生态环境问题严重威胁国家生态安全，其主要表现为由于资源的消耗、环境污染削弱了经济可持续发展的支撑能力；自然生态的退化对人类的生存环境造成威胁；环境问题引发人民群众的不满特别是导致环境难民的大量产生，从而影响安定。国家生态安全实现了从国家本位向以人为本的转变，其更为注重维护人的安全。

生态安全是国家安全的重要组成部分，并且是国防安全、政治安全和经济安全的基础。从全球范围来看，生态环境对国家安全的影响是目前世界上许多国家关心的焦点问题之一。生态环境退化如果同人口、种族等因素相结合，就可能造成暴力冲突。它不仅可以影响一个国家内部的政治稳定，还可能导致民族之间、国家之间的战争，从而影响到地区稳定和国防安全。由于生态环境影响跨地域、跨国界，许多西方国家已将确保健康的环境质量和充足的自然资源纳入其国家利益和国家安全的范畴之内，生态安全和所谓的环境冲突可能成为其干涉他国内部事务的新借口。从我国国内情况看，由于我国是世界上人口最多的国家，生态环境问题严重，生态安全问题已经成为影响我国国家安全的重大问题。我们应该重视生态安全，积极解决国内生态问题，同时积极参与国际生态安全合作，驳斥“中国生态环境威胁论”，以维护我国国家利益（李志刚和刘晓春，2002）。

3.1.2 生态安全评价方法分类

生态安全评价模型归为数学模型、生态模型、景观生态模型和数字地面模型四类。生态安全评价属于多指标综合评价，在数学模型中包括指标数据量化、指标权重确定和多指标综合计算 3 个方面。指标的数据量化方法主要包括极差分类法、专家分类法和标准权衡法，指标数据量化是顺利开展评价工作的基础；指标赋权方法分为主观和客观方法，指标权重确定是保证评价成果合理的关键；多指标综合计算是对评价对象做出整体评价的模型，包括单一模型和复合模型。数学模型在不丢失主要指标信息的情况下，通过简化指标从而简化了评估过程，并且能够提供比较客观的结果（庞雅颂和王琳，2014）。由于区域生态安全综合评价是近年开展起来的，其研究方法及其评价模型尚无可资借鉴的成熟案例。生态安全评价方法见图 3-1。

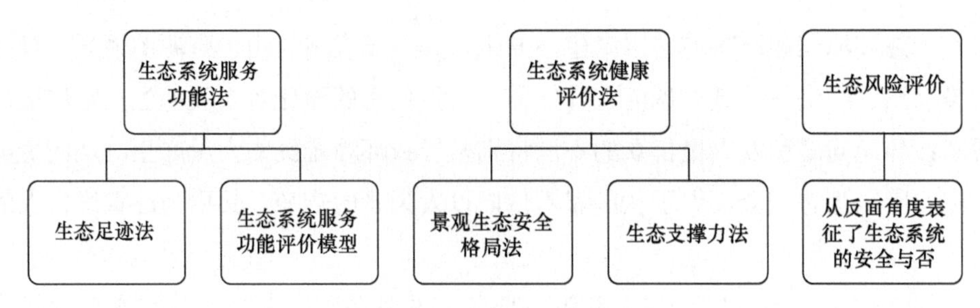

图 3-1　生态安全评价方法

根据生态环境系统的本质特征，在分析现有评价模型的基础上，采取层次分析方法、灰色系统方法、模糊数学方法、变权方法等对区域生态安全综合评价模型进行最优化的复合，本章提出并采用层次分析-变权-模糊-灰色关联复合模型，以期获得更加贴近实际情况的评价结果。

层次分析在评价概念模型的指导和框定下，层次分析法可以有效地建立指标体系的层次结构，并且层次分析法中的指标因子标度比较方法，也是指标因子常规权重最有效的计算方法。层次分析法（AHP 法）作为对复杂现象的决策思维过程进行系统化、模型化、数量化的方法，也称多层次权重分析决策法。具体步骤（左伟等，2005）为：明确区域生态安全评价主要分为数字模型、生态模型、景观生态模型和 3S 方法四大类。数字模型又包括综合指数法、层次分析法、PSR 模型、灰色关联度法、物元评价法、主成分投影法等；生态模型主要就是指生态足迹法；景观生态模型主要包括景观生态安全格局法和景观空间邻接度法；3S 方法主要是应用 3S 技术为区域生态安全研究提供现代空间信息技术支持。其中，综合指数法主要是用指数描述和评价过去和现在的环境状况，体现生态安全评价的综合性、整体性和层次性；层次分析法是一种定性与定量相结合的系统分析法，对相互联系、相互制约的多因素复杂事物进行分析，反映生态环境及生态安全评价区域的实际情况；PSR 模型可以用来评估资源利用和可持续发展能力；灰色关联度法对系统参数要求不高，比较适用于尚未统一的生态安全系统评价；生态足迹法考虑了地区间的差异，并利用不同消费活动的内在联系将计算结果高度整合，比较适合大范围区域的评价，目前的研究应用比较多集中在环境承载力方面（左伟等，2005）。

3.2 生态系统服务功能法

生态系统服务功能是指生态系统形成和所维持的人类赖以生存和发展的环境条件与效用。它不仅包括生态系统为人类所提供的食物、淡水及其他工农业生产的原料，更重要的是支撑与维持了地球的生命支持系统，维持生命物质的生物地球化学循环与水文循环，维持生物物种的多样性，净化环境，维持大气化学的平衡与稳定。生态系统服务功能是人类赖以生存和发展的基础（傅伯杰等，2009）。

谢高地在全球生态系统服务功能评价模型的基础上，总结了气体调节、气候调节、水源涵养、土壤形成与保护、废弃物处理、生物多样性维持、食物生产、原材料生产、休闲娱乐在内的 9 项生态系统服务功能，并对我国众多生态学者进行问卷调查，应用德尔菲法得到了“中国生态系统服务价值当量因子表”。该方法定义每年全国平均产量的农田每公顷自然粮食产量的经济价值为 1，其他生态系统生态服务价值当量因子是指生态系统产生该生态服务的相对于农田食物生产服务的贡献大小。本章在以上传统方法的基础上，将人口与生态系统服务价值总量有机结合，更加直观有效地反映生态环境压力情况（李小燕和马彩虹，2009）。

3.2.1 生态足迹法

由加拿大生态经济学家 William Rees 和其博士研究生 Mathis Wackernagel 提出的生态足迹法，从人类对自然系统的生态需求和自然系统对人类社会的承载力两个方面来分析全球或区域生态经济系统发展的可持续性，模型直观、综合、操作简单，迅速得到了地学、生态经济学界的广泛关注和推广应用。任何已知人口的国家或地区的生态足迹可以表述为生产这些人口所消费的资源和吸纳这些人口所产生的废弃物所需的生物生产面积。生物生产面积分为耕地、草地、林地、水域、建筑用地和化石燃料用地 6 类。生态承载力是指一个区域实际提供给人类的所有生物生产土地面积（包括水域）的总和（李小燕和马彩虹，2009）。

3.2.2 生态系统服务功能评价法

生态系统服务功能为人类提供了生存保障，它们的强弱取决于生态系统中的生态资本存量，而生态资本存量的多少反映了一个国家可持续发展能力的大小。一个生态系统的生态资本存量与该系统的结构和功能密切相关。因此，生态系统服务功能受威胁的状态就会引发生态安全问题。所谓“生态安全”是指一个生态系统的结构是否受到破坏，其生态系统功能是否受到损害。生态安全的显性特征之一是生态系统服务功能的状态：当一个生态系统服务功能出现异常时，表明该系统的生态安全受到了威胁，处于“生态不安全”状态。因此“生态安全”包含着两重含义：其一是生态系统自身是否是安全的，即其自身结构是否受到破坏；其二是生态系统对于人类是否是安全的，即生态系统服务功能是否能提供足以维持人类生存的可靠生态保障。实现生态安全，主要是保持土地、水源、天然林、动植物种质资源、大气等“自然资本”的保值增值和可持续利用，使之适应于国民教育水平、健康状况所体现的“人力资本”以及机器、工厂、建筑、水利系统、公路、铁路等体现的“创造资本”持续增长的配比要求，避免因自然资源衰竭、资源生产率下降、环境污染和退化给社会生活和生产造成短期灾害和长期不利影响，实现经济社会的可持续发展。生态系统服务功能与生态安全是密切相关的，生态系统的结构与功能和人类的活动是互动的，并且在这种互动中产生了生态安全问题。生态安全是国家安全的重要组成部分。

目前，我们正面临着两个全球性的问题，即全球气候变化和全球经济一体化。全球气候变化正在使生态系统的结构发生着变化，生态安全（生态保障）能力也会随之发生相应的变化，虽然变化趋势尚不十分清楚。全球经济一体化使资源出现全球化配置，这其中也不可避免地包括了生态资源。在加入 WTO 并介入资源全球化配置后，我国面临着如何利用外部资源以及如何维护自身生态资本存量的问题。因而，生态资源现状对我国未来经济发展的影响，生态系统对维持我国社会经济体系的保障能力等问题亟待研究。此外，影响生态安全的因素在国际间扩散的机会也在增大，生态安全可能会引发争端（如为争夺生态资源而引发局部冲突），而争端也会威胁到生态安全（如战争或恐怖活动对生态系统的破坏导致生态保障能力的减弱）。在全球气候变化和全球经济一体化的前提下，研究生态安全具有十分重要的现实意义。两个全球性的问题使我国生态安全的未来充满了变数，使国家的生态系统服务功能面临着更大的挑战。而我国的生态安全现状却令人担忧，1998 年长江特大洪水和近年波及广大地区的沙尘暴已经证明了这一点。将生态系统服务功能的研究提升到维护国家生态安全的高度是具有深远意义的。

把对生态系统服务功能的研究关联到生态安全引发了若干新的科学问题：如生态资本存量与生态系统服务功能的关联、影响生态安全的生态系统服务功能的类型、生态系统服务功能空间格局对生态安全格局的影响、生态系统服务功能的状况与生态安全阈值、社会经济发展对生态系统服务功能的需求、生态系统对社会经济体系的保障能力、依时间序列反映生态系统服务功能所受威胁的“类型-强度-空间位置”效应。此外，生态系统服务功能的受损害模拟、评估和预测也将是生态安全评价体系和预警系统的重要内容和组成部分。

总之，面对全球气候变化和全球经济一体化，将生态系统服务功能的研究与生态安全的维护相结合，能够使生态学直接服务于国家重大问题；能够使生态学的研究置于社会经济发展的背景中并服务于国家安全；能够为国家制订社会经济和生态环境发展规划提供科学依据（郭中伟和甘雅玲，2003）。

3.3 生态系统健康评价法

1999 年 8 月，“国际生态系统健康大会——生态系统健康的管理”在美国召开，提出的“生态系统健康评价方法及指标体系”成为 21 世纪生态系统健康研究的主要内容（张宏锋等，2003）。Rapport 等（1998）提出以“生态系统危险症状”作为生态系统非健康状态的指标。Costanza 等（1997）从系统的可持续能力的角度，提出表述系统状态的三个指标：活力、组织和恢复力及其综合评价。

生态系统健康评价主要包括指示物种和指标体系两种方法但由于指示物种的筛选标准及其对生态系统健康指示作用的强弱不明确，且未考虑社会经济和人类健康因素，难以全面反映生态系统的健康状况（戴全厚等，2006），该方法存在严重的不足，尤其不适用于人类活动主导的复杂生态系统的健康评价（彭建等，2007）；指标体系法则根据生态系统的特征及其服务功能建立指标体系进行定量评价，选取的指标既包括生态系统的结构、功能和过程指标，也可以是社会经济和景观格局、土地利用指标，该方法以其提供信息的全面性和综合性而被广泛应用于生态系统健康评价中（周文华和王如松，2005）。区域作为多种生态系统的地域空间镶嵌体，显然很难找到恰当的指示物种（群）对其健康状况进行监测，因此，指标体系法是区域生态系统健康评价的唯一方法，国内目前已有的相关研究也均采用该方法（彭建等，2007）。

3.4 生态风险评价法

生态风险是生态系统及其组分所承受的风险，是指一个种群、生态系统或整个景观的正常功能受外界胁迫，从而在目前和将来减少该系统内部某些要素或其本身的健康、生产力、遗传结构、经济价值和美学价值的可能性（卢宏玮等，2003）。美国环境保护局在1992年颁布的生态风险评价框架中对生态风险评价进行了定义：评价负生态效应可能发生或正在发生的可能性，而这种可能性是归结于受体暴露在单个或多个胁迫因子下的结果（Rodier and Norton，1992），其目的就是用于支持环境决策（Suter，2001）。

生态安全与生态风险在概念上存在着紧密的联系，生态安全是从生态风险分析发展而来的。狭义的生态风险只针对人类健康而言，主要评价有毒化学物引起的风险；广义的生态风险是指生命系统各层次的风险，尺度上涉及个体、种群、生态系统、区域、景观等。目前中国的生态风险评估研究大多是狭义层面上的评估，其研究多数集中在化学污染物的风险上。生态风险从反面表征了生态系统的安全与否。生态系统健康和生态系统服务（ecosystem service）则从正面表征了生态系统的安全状况。生态系统健康主要研究生态系统及其组分的安全与健康状况，而生态安全与否是看是否拥有健康的生态系统，因此，生态系统健康从正面表征了生态系统的安全状况；生态系统的服务功能是实现可持续发展的基础，作为表征区域可持续发展水平的一项综合指标，其价值是区域生态环境变化结果的综合化与定量化，其变化与社会经济活动密切相关，是系统安全的基本保证，因此也可以表征生态系统的安全状况。总之，可持续发展、生态风险、生态系统健康与生态系统服务功能均以生态系统为基本出发点，着重研究生态系统的安全水平，而生态系统安全又是生态安全研究的核心。因此，可以用生态风险、生态系统服务功能、生态系统健康来表征生态安全，最终的目的是更好地实现经济-社会-环境的可持续发展（刘红等，2006b）。

第 4 章　中国主要生态环境问题概述

我国自然资源禀赋较好，生态资源丰富，提供了良好的生态服务功能。但同时，随着经济的快速增长和人口的增加，我国生态环境面临着越来越大的压力，生态现状不容乐观。生态服务功能强，重要性等级高的地区往往也是矿产资源和生物资源丰富的地区，对这些资源的过度开发和不合理利用，导致生态系统结构损害严重，功能退化。

4.1　生态系统退化严重

我国森林生态系统呈现数量型增长与质量型下降并存的局面，森林生态系统趋于简单化，幼龄林和中龄林分布面积最多，分别占林地总面积的 36.83%和 34.29%，近熟林和成熟林所占比例基本相当，分别占林地总面积的 11.22%和 10.99%，过熟林面积占林地总面积的 6.68%；林龄结构不合理，生态功能差。有林地单位面积蓄积量从每公顷 67.72m^3 下降到 65.67m^3，单位面积蓄积量下降 2.05m^3，降幅达 3.12%；林分单位面积活立木蓄积量从每公顷 79.18 m^3 下降到 78.06 m^3，单位面积蓄积量下降 1.12 m^3，降幅达 1.43%。经济林面积大幅度增长；天然林下降，人工林增加，林种、树种单一。这些变化导致全国森林生态系统结构、功能下降，森林类型比例向不合理化方向发展，抗干扰能力降低，森林生态系统调节能力减弱，病虫害加剧。

我国有 84.4%的草地分布在西部，面积约 3.31 亿 hm^2。由于不合理的利用，草原生态系统遭到了严重破坏。草地是西部居民赖以生存的基本自然资源，也是具有重要生态调节与保护功能的关键生态系统。超载放牧和过度开垦致使草地迅速退化，面积不断减少。我国 90%的草地已经或正在退化，其中，中度以上退化程度的草地达 13 亿 hm^2，占全国草地面积的 1/3，且每年仍以 200 万 hm^2 的速度递增，退化速度每年约 0.5%，而人工草地和改良草地的建设速度每年仅为 0.3%，建设速度远远赶不上退化速度。退化草地上的生产力等级下降，优良牧草种类减少，毒草种类和数量增加，牲畜承载能力严重下降。区域草地生态系统结构、功能受到严重破坏，草地的生态屏障作用日渐降低，成为重要的沙尘源区。

不合理的土地资源开发造成了大量湿地消失，人工渠道替代天然河流、人工水库替代天然湖泊、围垦造田，造成了我国湿地生态系统的严重萎缩。1949～1998 年洞庭湖水面净减 38.1%，湖容净减 40.6%，调蓄洪水能力减少 80 亿 m^3；50 年间，三江平原湿地面积从 5.36 万 km^2 减少到 1.13 万 km^2，锐减了 79%；滨海湿地累计丧失面积约 2.19 万 km^2，占滨海湿地总面积的 50%；长江流域通江大湖湖面减少近 2/3，湖泊容积减少 600 亿～700 亿 m^3，调蓄能力大大降低；云南 1 km^2 以上的高原湖泊已由 20 世纪 50 年代的 50 余个下降到目前的不足 30 个；黄河源区 80 年代初遥感调查有湿地面积 38.95 万 hm^2，10 年后减少了 6.48 万 hm^2。另外，由于人为活动和全球气候变化的影响，西部地区湿地面积不同程度地盐渍化、甚至沙化，西北地区湿地退化后旱化、盐碱化现象非常普遍，西南地区一些湖泊如滇池草海、杞麓湖、星云湖、异龙湖、洱海部分区域都存在不同程度的沼泽化。盲目围垦、生物资源和水资源利用不合理以及湿地污染严重等问题，导致湿地面积萎缩，水量减少，导致湿地自然调节能力下降，功能衰退。

4.2 生态功能下降

4.2.1 水源涵养量下降

由于乱砍滥伐，过度放牧等人为因素及气候变暖等自然因素，使得许多水源地生态退化严重，水源涵养量降低，最终导致我国水灾旱灾发生频率增高。20 世纪 50～70 年代水灾呈下降趋势，但 70 年代以后，洪水发生频率增加，成灾面积比例也显现相同趋势，我国中东部地区处于江河中下游地区，受洪涝灾害的威胁，洪涝灾害损失占全国同类灾害总损失比例大。1998 年，长江、松花江、珠江、闽江等主要江河发生了大洪水，全国共有 29 个省（自治区、直辖市）遭受了不同程度的洪涝灾害，据各省统计，直接经济损失 2551 亿元，江西、湖南、湖北、黑龙江、吉林等省受灾最重。华北平原、黄土高原东部、广东和福建南部、云南和四川南部是我国旱灾最严重的地区，据统计，中东部地区20世纪70年代以来，旱灾持续发生，受灾面积居高不下，全国成灾面积与受灾面积的比例除70年代呈下降趋势外，其他时间区段均维持在40%以上的高水平。1999～2002年北方连续干旱，华北、东北和黄淮的部分地区旱情严重，2000年山东因旱灾造成的经济损失高达175.36亿元，2002年山东又遭三季旱情，经济损失超过260亿元。水旱灾并举表现在北旱南涝的同时，水资源丰富的南方旱情不断发生，北方干旱地区水灾危害也很严重，有些地区旱灾和洪灾同时发生，洪涝灾害频度和强度不断增大。

4.2.2 防风固沙区能力下降

西北地区是我国沙尘暴的主要发生地。甘肃河西走廊及内蒙古阿拉善盟、新疆塔克拉玛干沙漠周边地区、内蒙古阴山北麓及浑善达克沙地毗邻地区、蒙陕宁长城沿线是我国沙尘暴主要四大发生地。自20世纪50年代以来，沙尘暴呈波动减少之势，90年代初开始回升。西北地区沙尘暴源区不断扩大，影响不断加重。西北地区沙尘暴多发区划分为两大区域：塔里木盆地及周围地区和吐-哈盆地经河西走廊-宁夏平原至陕西北部一线。从气象学的角度分析，这些地区都属于强沙尘暴的发生区，发生频率相对较高。自20世纪50年代以来，沙尘暴呈波动减少之势，90年代初开始回升。根据有可比资料的9省（自治区）（广西、四川、贵州、云南、西藏、陕西、甘肃、青海、宁夏）计算表明，因生态破坏造成的直接经济损失相当于同期GDP的13%。而实际上，间接和潜在的经济损失更大。

我国沙化土地主要集中在西北部地区，不仅沙化土地分布面积大，而且扩展速度快，治理难度大。此外，西部地区沙化耕地与沙化草地占有面积大，程度比较严重，中度沙化的耕地占全部沙化耕地的82.04%，严重沙化的草地占全部沙化草地的59.52%。由于气候干旱多风，人类活动频繁，沙漠化动态非常活跃，我国现有的12个沙漠（沙地）仍然是沙漠化危害重灾区和主要发生发展源。其中，巴丹吉林沙漠和腾格里沙漠之间，出现3条黄沙带并逐渐扩大，连接一体的趋势明显，充分表明我国生态状况还在继续恶化。

4.2.3 水土保持功能下降、水土流失加剧

根据第二次全国水土流失遥感调查结果，20 世纪 90 年代末的全国水土流失面积 356 万 km^2，占国土面积的 37.1%（刘士余等，2004），每年流失的土壤总量达 50 亿 t，其中，长江流域年土壤流失总量 24 亿 t。黄河流域内蒙古河口镇至龙门区间的 7 万余平方千米范围内，输入黄河的泥沙约占黄河总输沙量的 50%以上。西部地区是我国水土流失主要分布区域，水土流失面积为 219.26 万 km^2，占全国水土流失总面积的 61.67%。其中，大兴安岭—阴山—贺兰山—青藏高原东缘一线以东的地区是我国水土流失最为严重的地区，尤以黄土高原最重，宁夏、重庆和陕西三地区的水土流失面积均超过国土面积的 50%。水蚀区中度以上水土流失的耕地面积和草地面积分别占到了西部耕地和草地总面积的 64.7%和 63.2%。总体上，全国水土流失面积有所减少，但局部地区水土流失面积仍在增加，水土流失程度继续加重。

水土大量流失导致了我国土地的沙漠化和石漠化。我国沙化土地主要集中在西北部地区，不仅沙化土地分布面积大，而且扩展速度快，治理难度大。此外，西部地区沙化耕地与沙化草地占有面积大，程度比较严重，中度沙化的耕地占全部沙化耕地的 82.04%，严重沙化的草地占全部沙化草地的 59.52%。我国现有的 12 大沙漠（沙地），由于气候干旱多风，人类活动频繁，沙漠化动态非常活跃，仍然是我国沙漠化危害重灾区和主要发生发展源。

石漠化主要分布在西南地区以及广西、广东、湖南、湖北的部分地区。石漠化是西南地区的一种主要土地退化形式，不合理的土地开发造成土壤流失、土地生产力下降甚至丧失。截至 2005 年年底，石漠化土地总面积 12.98 万 km^2。石漠化土地分布相对集中，危害程度严重，是西南地区最为突出的生态环境问题之一。以广西为例，由于石漠化不断扩展和加重，严重制约了当地社会经济的发展，其贫困人口的绝大多数生活在石漠化较为严重的地区，甚至有些石漠化严重的地区已经丧失了支持人类生存的基本条件，造成了不少的生态难民。1990～2002 年，石漠化土地面积均呈扩展趋势，扩展速率为 0.8%～3.2%。

4.2.4 自然生境退化、生物多样性衰退

人口膨胀以及农村和城市扩张，使大面积的天然森林、草原、湿地等自然生境遭到破坏，生境破碎化严重，大量野生物种濒临绝灭。例如，国家一级保护动物华南虎估计野外仅存数十只，且分散于湖南、江西、广东、福建等地区，已难以正常繁殖，如不采取行动，可能将很快灭绝；分布于湖北枝城以下长江中、下游地区的白鳖豚，估计目前仅剩 100 余条，已处于极度濒危的状态。由于人类对自然生境的强烈干扰、切割，使野生动植物生存的岛屿化空间日趋狭小，分布于有限面积的残遗小种群，由于对“遗传漂变”敏感和易发生“近亲交配”等原因，野生物种个体的活力、繁殖力降低，适应外部环境变化的能力减弱，导致了一些特有种的消失，遗传资源随之丧失，如雁荡润楠、喜雨草已灭绝，华南苏铁已无野生植株，海南捕鸟蛛、世界分布最北的江西抚州野生稻等也已濒临灭绝。

西部地区是我国野生物种最丰富的地区之一，不仅种类多，而且特有性高，如脊椎动物中的野牦牛、白唇鹿、藏羚羊、大熊猫、藏野驴、滇金丝猴、黔金丝猴、蓝马鸡，被子植物中的芒苞草、滇桐等众多物种只分布在西部地区，高度濒危的大熊猫、野骆驼、朱鹮也都集中在西部地区；此外，西南还是全球 25 个生物多样性热点地区之一，西部地区的生物多样性在全球占有重要地位。由于近年来人类滥采、滥挖、滥捕等不合理的开发利用，以及对栖息地的破坏，导致不少野生物种种群退化，密度降低，有的甚至濒临灭绝。西部地区生物多样性变化最为明显的是四川和云南，四川 20 世纪 50 年代森林覆盖率 30%～40%，大片的森林为多种野生动植物提供了良好的生存环境，80 年代降至 16.9%，大量森林遭到毁灭性砍伐和破坏，许多物种的栖息地受到了严重威胁，90 年代虽然覆盖率有所上升，但森林质量已远不如从前，并且覆盖率也仅恢复到了 24.23%；云南 50 年代森林覆盖率为 50%，90 年代则骤降为 25%。这两个地区在森林遭到严重破坏的同时，生物物种分别有 5 个和 22 个已经灭绝。80 年代甘肃共有保护植物 30 余种，到目前仅被子植物中就有 186 种处于濒临灭绝的境地，濒危的裸子植物有 17 种。藏羚羊是我国一级保护动物，是青藏高

原动物区系的典型代表，具有重要的生态价值和科研价值。经过漫长的自然演化和发展过程，其种群曾达到稳定状态，数量巨大。但是，从 80 年代开始，由于遭到了规模空前的盗猎，其种群数量急剧下降，已经到了灭绝的边缘，种群质量也受到严重影响。

第 5 章　生态安全综合评价系统

5.1　生态安全综合评价系统概述

根据生态安全及其评价相关理论与方法体系，本书构建了生态安全综合评价体系（图 5-1）。首先从维护国家生态系统的结构稳定和功能完善的角度出发，构建国家生态安全格局，即从国家尺度上对于生态系统的重要性及脆弱性进行评价，从而形成全国生态重要性区域分布和生态脆弱性区域分布，以此为基础识别对于

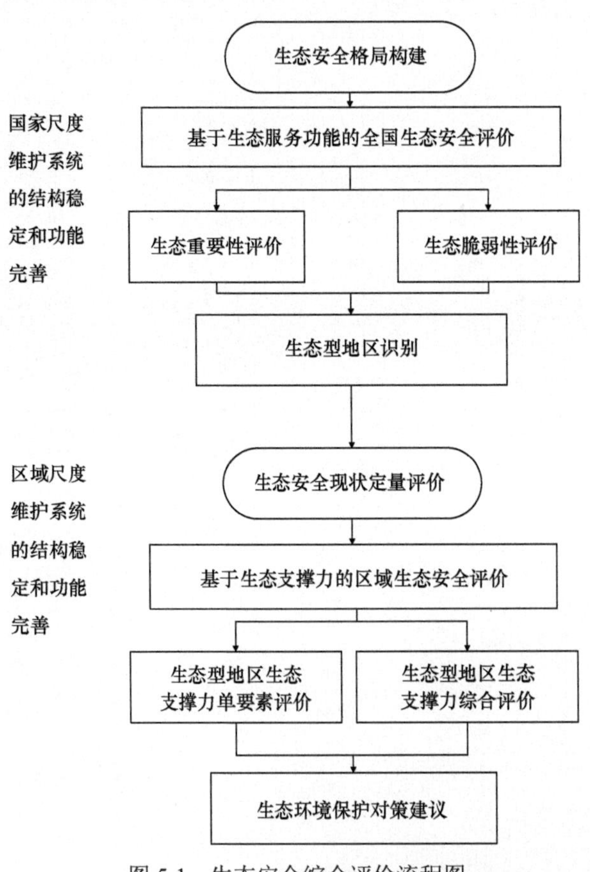

图 5-1　生态安全综合评价流程图

生态安全格局起到骨架和支撑作用的生态重要区作为重要生态功能区，从而为后续的生态安全评价提供基础。重要生态功能区的生态安全是维护国家生态安全的基础，而由于生态系统的复杂性与多样性，对于重要生态功能区生态安全的评价必须从区域的角度出发，因地制宜地进行生态安全评价，因此本书提出生态支撑力及其评价的概念，从而实现重要生态功能区生态安全的定量评价工作。同时为了反映我国生态环境建设成效，对于生态支撑力进行动态评价，从而实现我国生态环境建设成效评价。具体评价思路如图 5-1 所示。

5.2 生态安全格局构建

5.2.1 生态安全评价指标体系

1. 生态安全评价指标体系框架

“生态安全”包含两重含义：一是生态系统自身是否安全，即自身结构是否受到破坏；二是生态系统对于人类是否安全，即生态系统所提供的服务是否满足人类的生存需要。也就是说，生态系统是否安全，主要衡量生态系统的结构是否稳定，功能是否健全。其中，生态系统功能安全是结构安全的显性特征，而生态系统结构安全是功能安全的基础，因而主要从功能的重要性和结构的脆弱性两方面选取指标。生态重要性是指具有一定的生态功能，并对国家或区域生态安全具有重要的作用；生态脆弱性是指生态系统易受干扰，从一种状态演变成另一种状态并缺乏恢复能力，从而超过了能长期维持目前人类利用发展的现有社会经济和技术水平的程度。结合国土规划的需求，参考我国已有生态区划研究基础和数据，以及我国面临的主要生态问题，构建指标体系如表 5-1 所示。

2. 生态安全评价指标释义

1）生态重要性指标

生态系统服务功能重要性评价是根据生态系统结构、过程与生态服务功能的关系，分析生态服务功能特征，按其对全国和区域生态安全的重要性程度分为极重要、中等重要、比较重要、一般重要 4 个等级。具体评价标准如下：

表 5-1　生态安全评价指标体系

<table>
<tr><th>目标层</th><th>准则层</th><th>指标层</th></tr>
<tr><td rowspan="8">生态安全</td><td rowspan="4">生态重要性</td><td>水源涵养重要性</td></tr>
<tr><td>生物多样性重要性</td></tr>
<tr><td>土壤保持重要性</td></tr>
<tr><td>防风固沙重要性</td></tr>
<tr><td rowspan="4">生态脆弱性</td><td>沙漠化敏感性</td></tr>
<tr><td>石漠化敏感性</td></tr>
<tr><td>盐渍化敏感性</td></tr>
<tr><td>土壤侵蚀敏感性</td></tr>
</table>

A. 水源涵养重要性

区域生态系统水源涵养的生态重要性在于整个区域对评价地区水资源的依赖程度及洪水调节作用。因此，可以根据评价地区在对区域城市流域所处的地理位置，以及对整个流域水资源的贡献来评价，分级指标见表 5-2。

表 5-2　生态系统水源涵养重要性分级表

类型	干旱	半干旱	半湿润	湿润
城市水源地	极重要	极重要	极重要	极重要
农灌取水区	极重要	极重要	中等重要	一般重要
洪水调蓄	一般重要	一般重要	中等重要	极重要

B. 生物多样性重要性

生物多样性重要性主要是评价区域内各地区对生物多样性保护的重要性，重点评价生态系统与物种的保护重要性，见表 5-3。

表 5-3　生物多样性保护重要性评价

生态系统或物种占全省物种数量比例	重要性
优先生态系统，或物种数量比例>30%	极重要
物种数量比例 15%～30%	中等重要
物种数量比例 5%～15%	比较重要
物种数量比例<5%	一般重要

C. 土壤保持重要性

土壤保持重要性的评价在考虑土壤侵蚀敏感性的基础上，分析其可能造成的对下游河流和水资源的危害程度，分级指标见表 5-4。

表 5-4　土壤保持重要性分级指标

土壤保持敏感性影响水体	不敏感	轻度敏感	中度敏感	高度敏感	极敏感
1 级、2 级河流及大中城市主要水源水体	一般重要	中等重要	极重要	极重要	极重要
3 级河流及小城市水源水体	一般重要	比较重要	中等重要	中等重要	极重要
4 级、5 级河流	一般重要	一般重要	比较重要	中等重要	中等重要

D. 防风固沙重要性

主要分析评价评价区沙漠化直接影响人口数量来评价该区沙漠化控制作用的重要性。评价指标与分级标准见表 5-5。

表 5-5　沙漠化控制作用评价及分级指标

直接影响人口/人	重要性等级
>2000	极重要
500～2000	中等重要
100～500	比较重要
<100	一般重要

2）生态结构脆弱性指标

根据各类生态问题的形成机制和主要影响因素，分析各地域单元的生态敏感性特征，按敏感程度划分为极敏感、高度敏感、中度敏感、轻度敏感和不敏感 5 个级别。

A. 土壤侵蚀敏感性

土壤侵蚀敏感性分级如表 5-6 所示。土壤侵蚀敏感性指数计算方法见式(5-1)：

$$SS_j = \sqrt[4]{\prod_{i=1}^{4} C_i} \tag{5-1}$$

式中：SS_j 为 j 空间单元土壤侵蚀敏感性指数；C_i 为 i 因素敏感性等级值。

B. 沙漠化敏感性

土地沙漠化可以用湿润指数、土壤质地及起沙风的天数等来评价区域沙漠化风险程度，具体指标与分级标准见表 5-7。

表 5-6　土壤侵蚀敏感性分级

指标	不敏感	轻度敏感	中度敏感	高度敏感	极敏感
降水侵蚀力（*R*）	<25	25～100	100～400	400～600	>600
土壤质地	石砾、砂	粗砂土、细砂土、黏土	面砂土、壤土	砂壤土、粉黏土、壤黏土	砂粉土、粉土
地形起伏度/m	0～20	20～50	51～100	101～300	>300
植被	水体、草本沼泽、稻田	阔叶林、针叶林、草甸、灌丛和萌生矮林	稀疏灌木草原、一年两熟粮作、一年水旱两熟	荒漠、一年一熟粮作	无植被
分级赋值（*C*）	1	3	5	7	9
分级标准（SS）	1.0～2.0	2.1～4.0	4.1～6.0	6.1～8.0	>8.0

表 5-7　沙漠化敏感性分级指标

指标	不敏感	轻度敏感	中度敏感	高度敏感	极敏感
湿润指数	>0.65	0.50～0.65	0.20～0.50	0.05～0.20	<0.05
冬春季大于 6m/s 大风的天数	<15	15～30	30～45	45～60	>60
土壤质地	基岩	黏质	砾质	壤质	砂质
植被覆盖（冬春季）	茂密	适中	较少	稀疏	裸地
分级赋值（*D*）	1	3	5	7	9
分级标准（DS）	1.0～2.0	2.1～4.0	4.1～6.0	6.1～8.0	>8.0

沙漠化敏感性指数计算方法见式（5-2）：

$$\mathrm{DS}_j = \sqrt[4]{\prod_{i=1}^{4} D_i} \tag{5-2}$$

式中：DS_j 为 j 空间单元沙漠化敏感性指数；D_i 为 i 因素敏感性等级值。

C. 石漠化敏感性

石漠化敏感性主要根据其是否为喀斯特地形及其坡度与植被覆盖率来确定（表 5-8）。

表 5-8　石漠化敏感性评价指标

指标	不敏感	轻度敏感	中度敏感	高度敏感	极敏感
喀斯特地形	不是	是	是	是	是
坡度/（°）		<15	15～25	25～35	>35
植被覆盖率/%		>70	50～70	20～50	<20

D. 盐渍化敏感性

土地盐渍化敏感性是指旱地灌溉土壤发生盐渍化的可能性。可根据地下水位来划分敏感区域，再采用蒸发量、降水量、地下水矿化度与地形等因素划分敏感性等级。

在盐渍化敏感性评价中，首先应用地下水临界深度（即在一年中蒸发最强烈季节不致引起土壤表层开始积盐的最浅地下水埋藏深度），划分敏感与不敏感地区（表 5-9）。再应用蒸发量、降水量、地下水矿化度与地形指标划分等级。具体指标与分级标准见表 5-10。

表 5-9　临界水位深度　　单位：m

地区	轻砂壤	轻砂壤夹黏质	黏质
黄淮海平原	1.8～2.4	1.5～1.8	1.0～1.5
东北地区	2.0		
陕晋黄土高原	2.5～3.0		
河套地区	2.0～3.0		
干旱荒漠区	4.0～4.5		

表 5-10　盐渍化敏感性评价

指标	不敏感	轻度敏感	中度敏感	高度敏感	极敏感
蒸发量/降水量	<1	1～3	3～10	10～15	>15
地下水矿化度/（g/L）	<1	1～5	5～10	10～25	>25
地形	山区	洪积平原、三角洲	泛滥冲积平原	河谷平原	滨海低平原、闭流盆地
分级赋值（*S*）	1	3	5	7	9
分级标准（YS）	1.0～2.0	2.1～4.0	4.1～6.0	6.1～8.0	>8.0

盐渍化敏感性指数计算方法见式（5-3）：

$$\mathrm{YS}_j=\sqrt[4]{\prod_{i=1}^{4}S_i} \tag{5-3}$$

式中：YS_j 为 j 空间单元土壤侵蚀敏感性指数；S_i 为 i 因素敏感性等级值。

5.2.2　生态安全格局构建方法

本章研究以县为基本单元，不打破县级行政单元，利用 GIS 技术对原始栅格数据进行数据转换，与1∶400万底图进行投影转化和配准，在此基础上，计算单要素不同等级边界所占县域面积比进行县域拟合。在拟合过程中选取适当的面积比例对于单要素评价结果至关重要。经仔细对比及咨询专家，确定以30%的面积比作为县域拟合标准，即单要素指标的某一等级占县级行政区的30%以上，则认为该县对于这一指标属于该等级。如果一个县级行政区不止一个等级大于30%，那么取最高等级。

本节研究采用属性综合评价系统对各单要素进行综合评价。属性综合评价系统是在属性集和属性测度理论的基础上提出的对实际问题的定性描述进行度量的一种属性识别理论模型。

设X为被评价对象空间，关于X中元素的某类评价称为属性空间或评价空间，记作F，把评价级别(C_1，C_2，…，C_n)称为属性空间（或评价空间）F的分割，$C_k(1 \leqslant k \leqslant n)$称为属性集。$X$中的元素，即被评价对象$x$具有属性（或级别）$C_k$的程度，用属性测度$\mu_{xk} = \mu(x \in C_k)$表示。$x$的第$j$个指标$I_j$的测量值$t_j$具有属性（或级别）$C_k$的程度，用属性测度$\mu_{xk} = \mu(x \in C_k)$表示。

根据属性集和属性测度理论，μ_{xk}和μ_{xjk}应满足式（5-4）、式（5-5）：

$$\mu_{xk} \geqslant 0,\ \sum_{k=1}^{n} \mu_{xk} = 1 \tag{5-4}$$

$$\mu_{xjk} \geqslant 0,\ \sum_{k=1}^{n} \mu_{xjk} = 1 \tag{5-5}$$

属性综合评价系统分为3个子系统：单指标属性测度分析子系统，多指标综合属性测度分析子系统，属性识别分析子系统。

1. 单指标属性测度分析子系统

对于单指标I_j，X中的被评价对象x关于它的测量值t_j具有属性C_k的属性测度$\mu_{xjk} = \mu(t_j \in C_k)$要根据具体的问题、实验数据、专家经验和一定的数学处理方法来确定。一种常用的方式是给出属性测度函数，用它来表示当指标I_j的测量值t_j变化时，属性测度$\mu_{xjk} = \mu(t_j \in C_k)$的变化情况。

本节研究一共有5个综合评价等级，因此存在如表5-11所示的等级划分表。

表 5-11　综合评价等级划分表

等级	C_1	C_2	C_3	C_4	C_5
I_1	$<a_{11}$	$a_{11}-a_{12}$	$a_{12}-a_{13}$	$a_{13}-a_{14}$	$a_{14}<$
I_2	$<a_{21}$	$a_{21}-a_{22}$	$a_{22}-a_{23}$	$a_{23}-a_{24}$	$a_{24}<$
I_3	$<a_{31}$	$a_{31}-a_{32}$	$a_{32}-a_{33}$	$a_{33}-a_{34}$	$a_{34}<$
I_4	$<a_{41}$	$a_{41}-a_{42}$	$a_{42}-a_{43}$	$a_{43}-a_{44}$	$a_{44}<$

其中，a_{jk}满足$a_{j1}<a_{j2}<a_{j3}$，令

$$b_{jk}=\frac{a_{jk-1}+a_{jk}}{2} \tag{5-6}$$

$$d_j=\mathrm{a}_{jk_0}b_{jk_0}=\min\left\{a_{jk}-b_{jk},\ k=1,2,3,4\right\} \tag{5-7}$$

设 x 的第 j 个指标值为 t，由表 5-11 建立的单指标属性测度函数 μ_{xjk}（t）见式（5-8）、式（5-9）：

$$\mu_{xj1}(t)=\begin{cases}1, & t<a_{j1}-d_j\\ \dfrac{a_{j1-1}+d_j-t}{2d_j}, & a_{j1-1}-d_j\leqslant t\leqslant a_{j1-1}+d_j\\ 0, & t<a_{j1}+d_j\end{cases} \tag{5-8}$$

$$\mu_{xjk}(t)=\begin{cases}0, & t<a_{jk}-d_j\\ \dfrac{t-a_{jk-1}+d_j}{2d_j}, & a_{jk-1}-d_j\leqslant t\leqslant a_{jk-1}+d_j\\ 1, & a_{jk-1}+d_j<t<a_{jk}-d_j\\ 0, & a_{jk}-d_j\leqslant t\end{cases} \tag{5-9}$$

若 $d_j=a_{jk_0}-b_{jk_0}$，则

$$\mu_{xjk_0}(t)=\begin{cases}0, & t<a_{jk_0-1}-d_j\\ \dfrac{t-a_{jk_0-1}+d_j}{2d_j}, & a_{jk_0-1}-d_j\leqslant t\leqslant a_{jk_0-1}+d_j\\ 1, & a_{jk_0-1}+d_j<t<a_{jk_0}-d_j\\ 0, & a_{jk_0}+d_j\leqslant t\end{cases} \tag{5-10}$$

$$\mu_{xj1}(t)=\begin{cases}1, & t<a_{jn-1}-d_j\\ \dfrac{t-a_{jn-1}+d_j}{2d_j}, & a_{jn-1}-d_j\leqslant t\leqslant a_{jn-1}+d_j\\ 1, & a_{jn-1}+d_j<t\end{cases} \tag{5-11}$$

由上面的构造可知，对于固定 I_j 的 k 和，属性集 C_{k1} 是空间 X 的正规模糊子集，它的隶属函数就是 μ_{xjk}（t）。因此，C_2, …, C_n 是空间 X 的模糊 n-划分或模糊伪划分。

2. 多指标综合属性测度分析子系统

对被评价对象 x，已知它对各个单指标 $I_j(1\leqslant j\leqslant m)$的属性测度如前所示，为 $\mu_{xjk}=\mu(t_j\in C_k)$，本节采用加权求和的方法，即单指标属性测度经加权求和得到综合属性测度见式（5-12）：

$$\mu_{xk}=\sum_{j=1}^{m}w_j\mu_{xjk} \tag{5-12}$$

式中：w_j 为第 j 个指标 I_j 的权重，它满足式（5-13）：

$$w_j\geqslant 0,\ \sum w_j=1 \tag{5-13}$$

权重 w_j 反映了第 j 个指标 I_j 对 x 的重要性，它可以由专家和试验数据确定。由式（5-12）、式（5-13）可得

$$\sum_{k=1}^{n}\mu_{xk}=\sum_{k=1}^{m}\sum_{k}^{m}w_j\mu_{xjk}=\sum_{j=1}^{m}\left[\sum_{k=1}^{m}\mu_{xjk}\right]w_j=\sum_{j=1}^{m}w_j=1 \tag{5-14}$$

因此，这里 μ_{xk} 为属性测度。

3. 属性识别分析子系统

属性识别分析的目的是由属性测度 μ_{xk}，对 x 属于哪一个评价级别做出判断。这需要给出一个判断准则。在综合评价问题中，评价类 $(C_1,C_2,\cdots,C_n)$ 通常是一个有序类。在生态安全综合评价中，评价类分为五类，为 $(C_1,C_2,\cdots,C_5)$，满足 $C_1<C_2<C_3<C_4<C_5$。若评价类 $(C_1,C_2,\cdots,C_n)$ 是属性空间 F 的分割，并且满足 $C_1,C_2,\cdots,C_n$，则称 $(C_1,C_2,\cdots,C_n)$ 是属性空间 F 的一个有序分割。对有序评价类 $(C_1,C_2,\cdots,C_n)$，要识别 x 属于哪一类，可采用置信度准则。

置信度准则：设评价类$(C_1, C_2, \cdots, C_n)$为有序分割，λ为置信度，$0.5 \leqslant \lambda \leqslant 1$，本节确定的$\lambda$值为0.9。如果：

$$k_0 = \min\left\{k : \sum_{I=1}^{k} \mu_{xI} \geqslant \lambda, 1 \leqslant k \leqslant n\right\} \tag{5-15}$$

则认为x属于C_{k_0}。

5.3 区域生态安全评价

5.3.1 生态支撑力概念及内涵

生态支撑力是指在一定的时间及空间下，生态系统演替处于相对稳定的阶段，生态系统能够承受外部扰动的能力，是人类作用与自然条件的综合表征。

5.3.2 生态支撑力评价指标体系

1. 指标的选取原则

生态支撑力主要受自然驱动、生态结构和生态功能三方面因素所影响。

在自然驱动因素方面，年降水量、年平均温度和平均海拔对生态系统影响较大。例如，研究表明，在干旱半干旱草原区，年降水量与生态环境质量密切相关，从而关系到区域水文状况与水文环境的好坏（杨艳，2011）。

在生态结构因素方面，主要选取景观破碎度、植被覆盖率、生物丰度指数和叶面积指数四指标。景观破碎度指数可表征生态系统宏观结构的破碎化程度，这直接会严重影响生态系统内部要素间的交流。植被覆盖率是区域生态环境变化的重要指标，对植被生态系统的发育起到重要作用（易胜，2008）。生物丰度指数是衡量生物多样性丰贫程度的指标，而生物多样性与生态结构存在着关系（张全国和张大勇，2003），影响着生态结构稳定发展。叶面积指数为植物冠层表面物质和能量交换的描述提供结构化的定量信息，并在生态系统碳积累、植被生产力和土壤、植物、大气间相互作用的能量平衡，植被遥感等方面起重要作用。

在生态功能方面，由于物质循环，能力流动和信息传递是主要的生态功能，所以生态功能强弱可用第一营养级固定的净初级生产力来表征。除此之外，水源涵养量、固碳释氧量和土壤侵蚀度也是重要的生态功能指标。例如，刘璐璐等（2013）在估算琼江河流域森林生态系统方面，就说明森林生态系统的水源涵养功能是其生态功能的重要组成部分。

2. 指标体系框架及指标释义

根据生态系统特征，本书建立了由目标层-准则层-指标层构成的生态支撑力评价指标体系框架，其中目标层即为生态支撑力，准则层从生态系统自然本底、生态系统的结构角度考虑分别建立自然驱动指标、生态结构指标和生态功能指标三层指标结构，在不同的准则层包含了不同的指标，具体指标见表 5-12。

表 5-12 生态支撑力指标体系框架

目标层	准则层	指标层
生态支撑力	自然驱动指标	年均降水量
		年均温
		平均海拔
	生态结构指标	景观破碎度
		植被覆盖率
		生物丰度指数
		叶面积指数
	生态功能指标	净第一性生产力
		水源涵养量
		固碳释氧量
		土壤侵蚀度

生态支撑力指标体系框架共包含 12 个指标，各个指标的具体释义如表 5-13 所示。

表 5-13 生态支撑力指标释义

指标	释义
年均降水量/mm	即年总降水量，是衡量一个地区降水多少的数据。指从天空降落到地面上的液态和固态（经融化后）降水，没有经过蒸发、渗透和流失而在水平面上积聚的深度，其值可反映生态系统潜在生产力值
年均温/℃	某年的多日平均温度（或多月平均温度）的平均值。是由某一地区测出的当年每日平均温度的总和除以当年天数所得出。其值可直接影响植被的光合作用效率，故可反映生态系统潜在生产力值

续表

指标	释义
平均海拔（AMSL）/m	是指以高程基准面为起点所测定的平均地面或空中高度。该指标可反映一个地区的地势状况和气象情况，对当地植被作物的生长及土壤保持起到重要作用
景观破碎度	是指景观被自然因素及人为因素所切割的破碎化程度，即景观生态格局由连续变化的结构向斑块镶嵌体变化过程的一种度量（何念鹏等，2001）
植被覆盖率（I_i）/%	是指在生长区域地面内所有植被（乔、灌、草和农作物）的冠层、枝叶的垂直投影面积所占统计区域面积的比例（秦伟等，2006），是一个描述区域生态环境质量的重要性指标
生物丰度指数	是衡量被评价区域内生物多样性的丰贫程度（环境保护部，2015）。其状况可决定着生态系统的面貌，是反映生态环境质量最本质的特征之一
叶面积指数（LAI）/（m^2/m^2）	是单位土地面积上植物叶片的总表面积占土地总表面积的比率（王希群等，2005）。作为生态系统的重要结构参数之一，叶面积指数是用来反映植物叶面数量、冠层结构变化、植物群落生命活力及其环境效应
净第一性生产力（NPP）/[g/（m^2· a）]	绿色植物在单位时间和单位面积上所能累积的有机干物质，包括植物的枝、叶和根等生产量及植物枯落部分的数量（张佳华，2001）。因为能主要反映植物群落在自然环境条件下的生产能力，所以是评价生态系统结构和功能协调性的重要指标
水源涵养量/（m^3/a）	是生态系统的重要功能之一。例如，森林生态系统可通过乔木层、灌草层、凋落物层和土壤层来阻滞降水、涵蓄水源，从而起到调节地表径流，保持水土的作用（李海防等，2011）
固碳释氧量/（kg/a）	是指植被生态系统通过光合作用和呼吸作用来吸收大气中的 CO_2 和释放 O_2 的能力等，2012）。通过维持大气中的 CO_2 和 O_2 动态平衡，达到减缓温室效应的作用
土壤侵蚀度	是指土壤层中的土壤物质在外动力作用下发生分离和搬运的过程中所流失的程度（钟祥浩，1987），即土壤侵蚀发展相对阶段或相对强度的差异。其中，土壤侵蚀强度是指单位面积和单位时间内土壤的流失量
归一化指数(NDVI)/mm	表示了植被对 NOAA/AVNRR 的通道 1 绿-红光波段 0.58～0.68μm（叶绿素强烈地吸收该波段的入射辐射）和通道 2 近红外波段 0.725～1.10μm（敏感地指示植物光合作用是否正常进行的标志）这两个波段响应的差异（陈朝晖等，2004）

3. 指标计算

生态支撑力各指标的数据来源可见表 5-14。

表 5-14　生态支撑力指标数据来源

指标		数据来源
自然驱动指标	年均降水量	气候统计数据
	年平均温度	气候统计数据
	平均海拔	DEM

续表

指标		数据来源
生态结构指标	景观破碎度	土地利用类型数据及 Fragstate 软件
	植被覆盖率	土地利用类型数据和 NDVI
	NDVI	遥感影像
	生物丰度指数	土地利用类型数据
	叶面积指数	实测与遥感数据
生态功能指标	净第一性生产力	温度，降水
	水源涵养量	面积由遥感影像提取或者土地利用类型计算，气象数据，（P-E）由 Grace 遥感数据获取
	固碳释氧量	NPP 值，土地利用类型数据
	土壤侵蚀度	土壤类型，土地利用类型，坡度

1）景观破碎度

景观格局通常是指景观的空间结构特征，具体指由自然或人为形成的，一系列大小、形状各异、排列不同的景观镶嵌体在景观空间的排列，它既是景观异质性的具体表现，同时又是包括干扰在内的各种生态过程在不同尺度上作用的结果。空间斑块性是景观格局最普遍的形式，它表现在不同的尺度上。景观格局及其变化是自然和人为的多种因素相互作用所产生的一定区域生态环境体系的综合反映，景观斑块的类型、形状、大小、数量和空间组合既是各种干扰因素相互作用的结果，又影响着该区域的生态过程和边缘效应。

景观破碎度采用面积加权平均斑块分维数法来进行表征，见式（5-16）：

$$S_i = \sum_{1}^{i} n_i / A_i \tag{5-16}$$

式中：S 为景观破碎度；i 为景观类型；n 为景观斑块个数，个；A 为景观斑块面积，hm^2。景观破碎度指数取值在 0～1 之间，0 表示无破碎化，1 表示完全破碎化（王丽婧等，2010）。

2）植被覆盖率

植被覆盖率的计算，通常是根据 NDVI 采用像元二分法进行计算，即利用 NDVI 与植被覆盖率建立像元二分模型，来估算出区域的植被覆盖率：

$$f_v = \frac{\text{NDVI} - \text{NDVI}_0}{\text{NDVI}_v - \text{NDVI}_0} \tag{5-17}$$

在式（5-17）中，NDVI 的计算公式见式（5-18）：

$$\text{NVDI} = (\rho_2 - \rho_1)/(\rho_1 + \rho_2) \tag{5-18}$$

在式（5-18）中，ρ_1、ρ_2 分别为通道 1、通道 2 的反照率。在式（5-17）中，f_v 为像元的植被覆盖率（%），NDVI_v 和 NDVI_0 分别为植被覆盖部分和非植被覆盖部分的 NDVI 值。

3）生物丰度指数

生物丰度指数根据中国环境监测总站下发的《生态环境质量评价技术规定》[①]文件进行计算。由表 5-15 生物丰度指数分权重值可确定出计算方法，其表达式见式（5-19）：

$$\text{生物丰度指数} = A_{\text{bio}} \times (0.35 \times \text{林地面积} + 0.21 \times \text{草地面积} + 0.28 \times \text{水域湿地面积} + 0.11 \times \text{耕地面积} + 0.04 \times \text{建设用地面积} + 0.01 \times \text{未利用土地面积}) / \text{区域面积} \tag{5-19}$$

在式（5-19）中，A_{bio} 为生物丰度指数的归一化系数，计算公式见式（5-20）：

$$A_{\text{bio}} = 100 / A_{\max} \tag{5-20}$$

在式（5-20）中，$A_{\max}$ 为某指数归一化处理前的最大值。

表 5-15　生物丰度指数分权重

土地类型	权重	结构类型	分权重
林地	0.35	有林地	0.6
		灌木林地	0.25
		疏林地和其他林地	0.15
草地	0.21	高覆盖度草地	0.6
		中覆盖度草地	0.3
		低覆盖度草地	0.1
水域湿地	0.28	河流	0.1
		湖泊（库）	0.3
		滩涂湿地	0.6

① 环境保护部. 2015. 生态环境质量评价技术规定(HJ192-205).

续表

土地类型	权重	结构类型	分权重
耕地	0.11	水田	0.6
		旱地	0.4
建筑用地	0.04	城镇建设用地	0.3
		农村居民点	0.4
		其他建设用地	0.3
未利用地	0.01	沙地	0.2
		盐碱地	0.3
		裸土地	0.3
		裸岩石砾	0.2

4）叶面积指数

叶面积指数（LAI）是指单位土地面积上植物叶片总面积占土地总面积的倍数。叶面积指数是反映作物群体大小的较好的动态指标。在一定的范围内，作物的产量随叶面积指数的增大而提高。当叶面积指数增加到一定的限度后，田间郁闭，光照不足，光合效率减弱，产量反而下降。苹果园的最大叶面积指数一般不超过 5，能维持在 3～4 较为理想。盛果期的红富士苹果园，生长期亩枝量维持在 10 万～12 万条之间，叶面积指数基本能达到较为适宜的指标。氮对提高叶面积指数、光合势、叶绿素含量和生长率均有促进作用，而净同化率随施氮增加而下降。施氮对大豆光合速率无显著影响。随施氮增加叶面积指数提高的正效应可以抵消净同化率下降的负效应，从而最终获得一个较高的生长率。因此，高产栽培首先应考虑获得适当大的叶面积指数。

在生态学中，叶面积指数是生态系统的一个重要结构参数，用来反映植物叶面数量、冠层结构变化、植物群落生命活力及其环境效应，为植物冠层表面物质和能量交换的描述提供结构化的定量信息，并在生态系统碳积累、植被生产力和土壤、植物、大气间相互作用的能量平衡，植被遥感等方面起重要作用。

叶面积指数是将土地覆盖/利用类型面积数据按照式（5-21）进行处理：

$$L_s = \sum_{i=1}^{n} w_i L_i \tag{5-21}$$

式中：L_s是所给定区域的 LAI 值总和，m^2/m^2；L_i是表 5-16 所确定的第 i 生物群落/土地覆盖类型的平均 LAI 值，m^2/m^2；w_i是在给定区域内第 i 生物群落和土地覆盖类型的面积比。

表 5-16　生物群落/土地覆盖类型的平均 LAI 值　　单位：m^2/m^2

生物群落/土地覆盖	耕地	园林	林地	草地	湿地	水域	建筑用地	其他用地
平均 LAI 值	3.0	3.0	5.0	2.0	6.5	0	0.5	1.0

5）净第一性生产力

自然植被的净第一性生产力（NPP）反映了植物群落在自然环境条件下的生产能力。它不仅是评价生态系统结构和功能协调性的重要指标，而且也是人类及生物赖以生存的生物圈功能基础，以及作为大气成分改变的重要合作者，尤其是二氧化碳浓度的变化，对于全球气候变化也有着极其重要的作用。净第一性生产力采用 Miami 模型（张宪洲，1993）来计算。该模型是 H.Lieth 利用世界五大洲约 50 个地点可靠的自然植被 NPP 的实测资料和与之相匹配的年平均温度（t，℃）及年降水量（r，mm）资料，根据最小二乘法建立的，计算方法见式（5-22）和式（5-23）：

$$\mathrm{NPP}_t = 3000/(1+\mathrm{e}^{1.315-0.119t}) \tag{5-22}$$

$$\mathrm{NPP}_r = 3000\times(1-\mathrm{e}^{-0.000664r}) \tag{5-23}$$

式中：NPP_t和 NPP_r分别根据年平均温度及年降水量求得。根据 Liebig 最小因子定律，选择由温度和降水量所计算出的自然植被 NPP 中的较低者即为某地的自然植被的 NPP[g/（$a\cdot m^2$）]。

6）水源涵养量

水源涵养量采用水量平衡法来计算。其方法是将给定区域的生态系统视为一个“黑箱”。以“黑箱”水量的输入和输出为研究对象，按照水量平衡法的思路，将该“黑箱”的总降水量和总蒸散量以及其他消耗的差值作为涵养水源量（张彪等，2009）。计算方法见式（5-24）（司今等，2011）：

$$Q = S\times(P-E) = \theta\times P\times S \tag{5-24}$$

式中：Q 为水源涵养总量，m^3/a；S 为给定区域面积，km^2；P 为该地区年平均降水量，mm/a；E 为年平均蒸发量，mm/a；θ 为径流系数。

7）固碳释氧量

植物与大气的物质交换主要是二氧化碳和氧气的交换，确切地说是植物固定并减少大气中的二氧化碳含量和提高大气中的氧气含量，这对于大气中的二氧化碳和氧气的动态平衡、减少温室效应以及为人类提供生存的基础都有着巨大和不可替代的作用。植被光合作用固定的二氧化碳和氧气的量，可以通过以干物质的净初级生产力来推算固定二氧化碳的量，计算方法见式（5-25）：

$$\mathrm{MC} = M \times S \times X \times 1.62 \tag{5-25}$$

式中：MC 为 CO_2 年固定量，kg；M 为某类型植物单位面积产草量，kg/a·km^2；S 为某类型植物的面积，km^2；X 草原的固碳系数（整株植物生物量/地上生物量）。

8）土壤侵蚀度

土壤侵蚀程度是指土壤侵蚀发展相对阶段或相对强度的差异。土壤侵蚀强度是指单位时间和单位面积内的土壤的流失量，与泥石流活动有一定的对应关系，它反映流域内细颗粒物质来源的程度。借助 ModelBuilder 软件平台，利用土壤侵蚀危险性分级栅格数据创建出土壤侵蚀度模型，并执行模型得出结果。模型如图 5-2 所示。

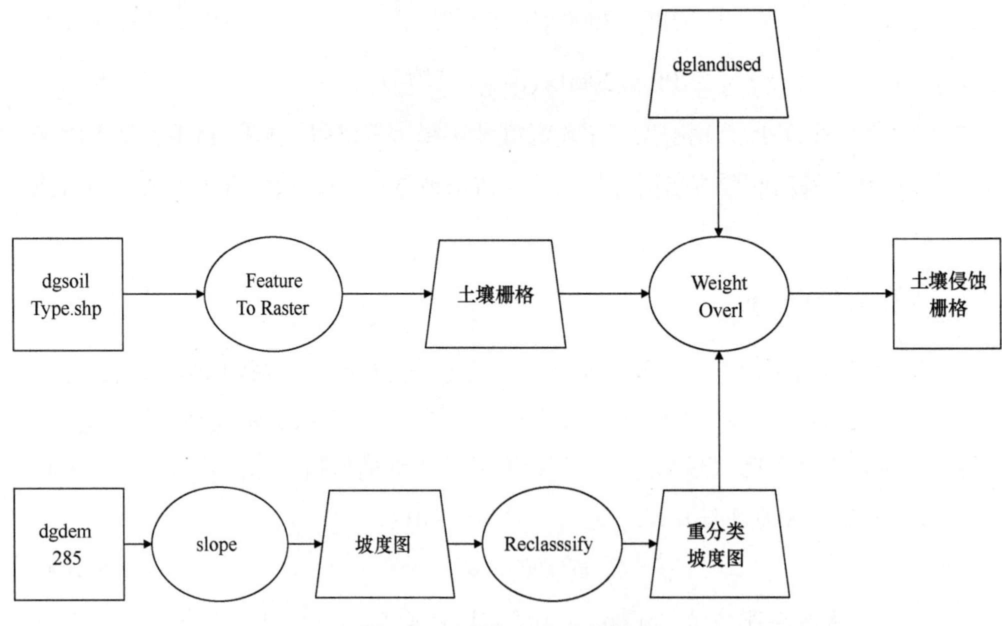

图 5-2　土壤侵蚀危险性模型

5.3.3 以生态支撑力为基础的生态安全评价方法

1. 指标权重确定

熵权系数法是一种在综合考虑各因素所提供固有信息和决策者的经验判断的主观信息进行量化综合基础上，计算一个基于熵的多指标决策评价的数学方法（郑晓薇等，2007）。作为一种客观综合评价方法，它主要是根据各指标传递给决策者的信息量大小来确定其权数。现已在工程技术、社会经济等领域得到广泛应用。

对某一项指标而言，评价指标值间的差距越大，说明指标在综合评价中所起的作用越大，如果差异为零，表明该指标在综合评价中不起作用。根据各项指标的差异程度，可客观地计算出各项指标的权重，为多指标综合评价提供依据。

在信息论中，熵是对不确定性的一种度量，信息量越大，不确定性就越小，熵也就越小；信息量越小，不确定性越大，熵也就越大。根据熵的特性，我们可以根据评价指标值构成的矩阵判断各指标的权重，避免人为给予权重的主观性。根据熵权系数法的原理建立多指标子系统（魏隽等，2002）。在信息论基本原理中，信息是系统有序程度的度量，而熵则是系统无序程度的度量。二者绝对值相等，但符号相反。

假设研究对象由 n 个样本单位组成，反映样本质量的评价指标有 m 个，分别为 x（i=1,⋯, m；j=1,⋯, n），并测出原始数据。设实际测出的原始数据矩阵为

$$R' = (r'_{ij})_{m\times n} \tag{5-26}$$

式中：i=1，⋯, m；j=1,⋯, n；r'_{ij} 是第 j 个样本在第 i 个指标上的得分。对 R' 进行标准化，消除指标间不同单位、不同度量的影响，以便得到各指标的标准化得分矩阵。标准化方法一般有直线型、折线型和曲线型等。考虑标准化后的数据 r_{ij} 受 r'_{ij} 的影响，采用极值法对原始数据进行标准化。再设标准化后的矩阵为

$$R = (r_{ij})_{m\times n} \tag{5-27}$$

将原始数据矩阵为式（5-26），标准化后得出矩阵为式（5-27），则具体的标

准化公式为

$$r_{ij}=\frac{r'_{ij}-\min_j r'_{ij}}{\max_j r'_{ij}-\min_j r'_{ij}}\times 10 \tag{5-28}$$

其中，经式（5-28）指标标准化后，其值越大越好：

$$r_{ij}=\frac{\max_j r'_{ij}-r'_{ij}}{\max_j r'_{ij}-\min_j r'_{ij}}\times 10 \tag{5-29}$$

其中，经式（5-29）指标标准化后，其值越小越好。

对原始数据进行标准化后就可计算各指标的信息熵。为避免评价过程中，个人赋予评价指标权重的主观性，引用信息论中的熵权理论，确定指标权重。

第 i 个指标的熵可定义为

$$H_i=-k\sum_{j=1}^{n} f_{ij}\ln f_{ij} \tag{5-30}$$

式中：i=1,⋯, m；j=1,⋯, n；f_{ij} 可定义为式（5-31）；k 可定义为式（5-32）：

$$f_{ij}=\frac{r_{ij}}{\sum_{j=1}^{n} r_{ij}} \tag{5-31}$$

$$k=\frac{1}{\ln n} \tag{5-32}$$

当 $f_{ij}=0$，$f_{ij}\ln f_{ij}=0$ 时。在指标熵值确定后，可根据式（5-33）来确定第 i 个指标的熵权 w_i：

$$w_i=\frac{1-H_i}{m-\sum_{i=1}^{m} H_i} \tag{5-33}$$

式中：$i=1,\cdots,m$。

2. 综合评价

综合评价法是在确定研究对象评价指标体系基础上，应用一定方法对各指标在研究领域内的重要程度及其权重进行确定；根据所选择的的评价模型利用综合指数的计算形式，定量地对某种现象进行综合评价的方法。其具体评价模型为

$$\mathrm{ESI}=\sum_{i=1}^{m}W_i\cdot C_i \tag{5-34}$$

式中：ESI 为研究区生态支撑力综合评价指数；W_i 为第 i 个评价指标的权重；C_i 为其无量纲量化值；m 为评价指标个数。

第 6 章　生态重要性评价

单要素评价是在结合“中国生态功能区划数据库”中相关数据集和研究结果基础上，根据专家意见和实际情况，以我国县级行政区作为基本空间单元，与县域拟合而成。

6.1　水源涵养重要性

区域生态系统水源涵养的生态重要性在于整个区域对评价地区水资源的依赖程度及洪水调节作用。全国水源涵养重要区域主要有昆仑山塔里木河源头，雅鲁藏布江源头，祁连山黑河和疏勒河源头，三江源，大兴安岭北部黑龙江，长白山松花江、东辽河源头、海拉尔河源头，大兴安岭南部西辽河源头，滦河源头、秦巴山区渭河、汉江、淮河源头、嘉陵江源头，乌蒙山珠江、乌江源头、湘江源头、北江源头，以及大别山、南岭等地区水源涵养区域。全国水源涵养重要性评价等级见图 6-1。

6.2　生物多样性重要性

生物多样性重要性主要是评价区域内各地区对生物多样性保护的重要性，重点评价生态系统与物种的保护重要性。全国生物多样性保护的极重要区域主要包括小兴安岭北部地区、祁连山南部地区、川西高山峡谷地区、藏东南地区、滇西北地区、武陵山地区、南岭地区、十万大山地区、西双版纳地区、雪峰山南部地区、仙霞岭地区、海南岛中部山区地区等，面积为 39.2 万 km^2；生物多样性保护重要区面积为 156 万 km^2，主要包括小兴安岭北部、长白山、湖北西部、安徽南部、湖南西北、广东北部、浙江西北、福建中部以及北山、祁连山北部、黄河源头、秦巴山区、横断山脉中部、云南西部、广西北部、南部地区以及若羌、科尔

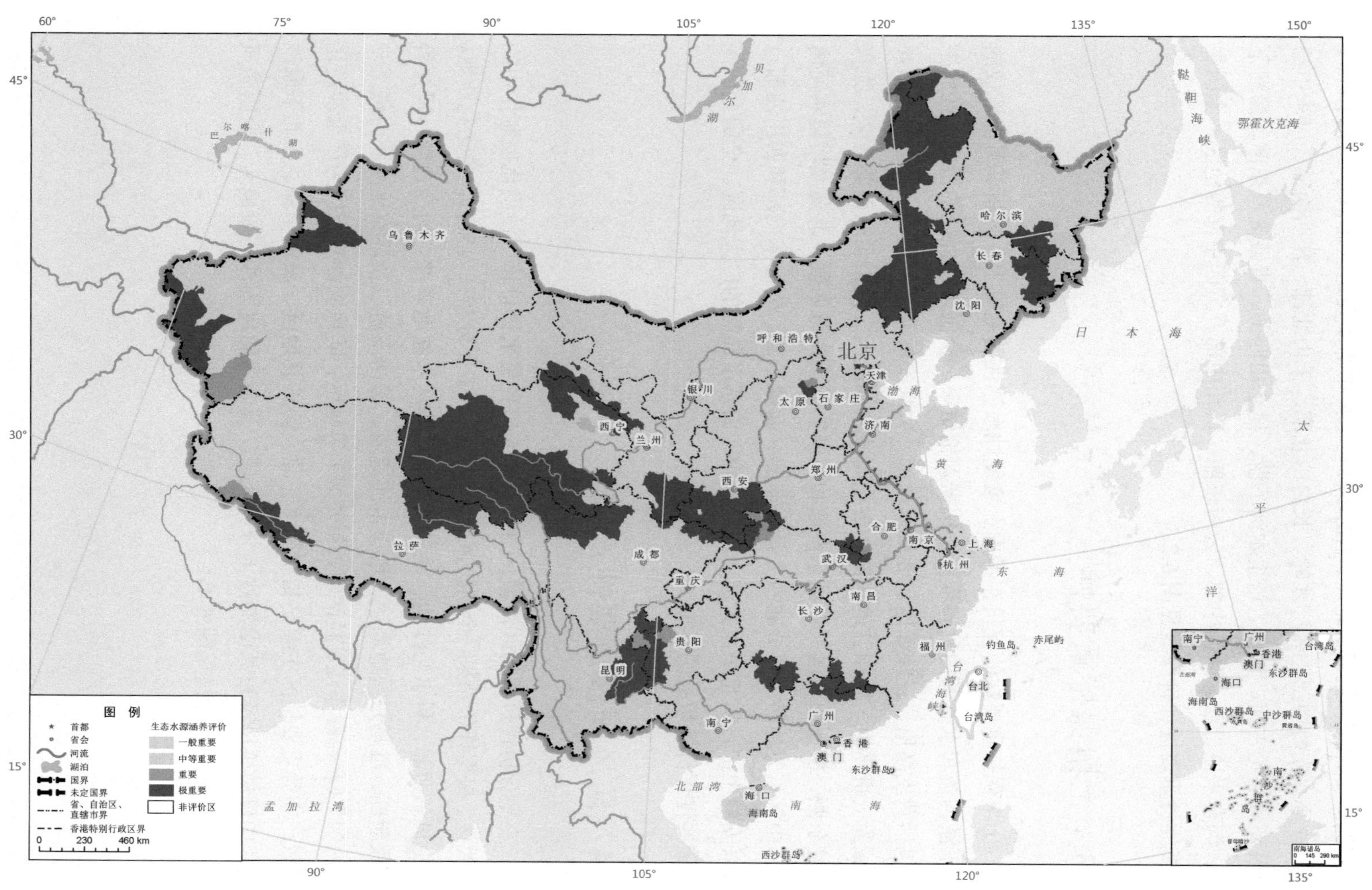

图 6-1　全国水源涵养重要性评价等级

沁右翼前旗、额敏、错那等地区；生物多样性保护中等重要地区面积为 264 万 km^2，分布在小兴安岭中部、张广才岭、长白山北部、千山北部、江西西部、广东中部以及新疆乌伦古河、天山、塔里木河下游、昆仑山西部、青藏高原东部、黑河下游、河套平原以西、陕西中部、云南东部、贵州中部、广西中部等地区。全国生物多样性重要性评价等级见图 6-2。

6.3 土壤保持重要性

土壤保持重要性的评价在考虑土壤侵蚀敏感性的基础上，分析其可能造成的对下游河流和水资源的危害程度。根据评价结果，全国土壤保持的极重要区域主要包括黄土高原、三峡库区、西藏东南部、大兴安岭东南侧也有零星分布；重要区域为云贵高原、四川盆地东部、黄土高原中部地区、阴山山脉西部地区、大兴安岭东侧、横断山地区、西藏东南部和新疆的天山山脉西段、北麓及塔里木河南段；中等重要地区主要分布在太行山东部、西藏东部、青海东南部和四川西部、大兴安岭中部、东北平原大部、江南丘陵、山东半岛等的广大地区。全国土壤保持重要性评价等级见图 6-3。

6.4 防风固沙重要性

主要分析评价评价区沙漠化直接影响人口数量来评价该区沙漠化控制作用的重要性。根据评价结果，全国防风固沙极重要区主要分布在内蒙古浑善达克沙地、呼伦贝尔西部、科尔沁沙地、毛乌素沙地、柴达木盆地东部、河西走廊和阿拉善高原西部、准噶尔盆地周边、塔里木河流域、黑河下游以及环京地区和西藏“一江两河”（雅鲁藏布江、拉萨河、年楚河）等地区；防风固沙重点区为严重沙漠化区域；中等重要地区主要是指中国“三北”防护林地区、黄淮平原、东北平原沙漠化中度敏感以及东部沿海沙土分布区域；其余为防风固沙一般地区。全国防风固沙重要性评价等级见图 6-4。

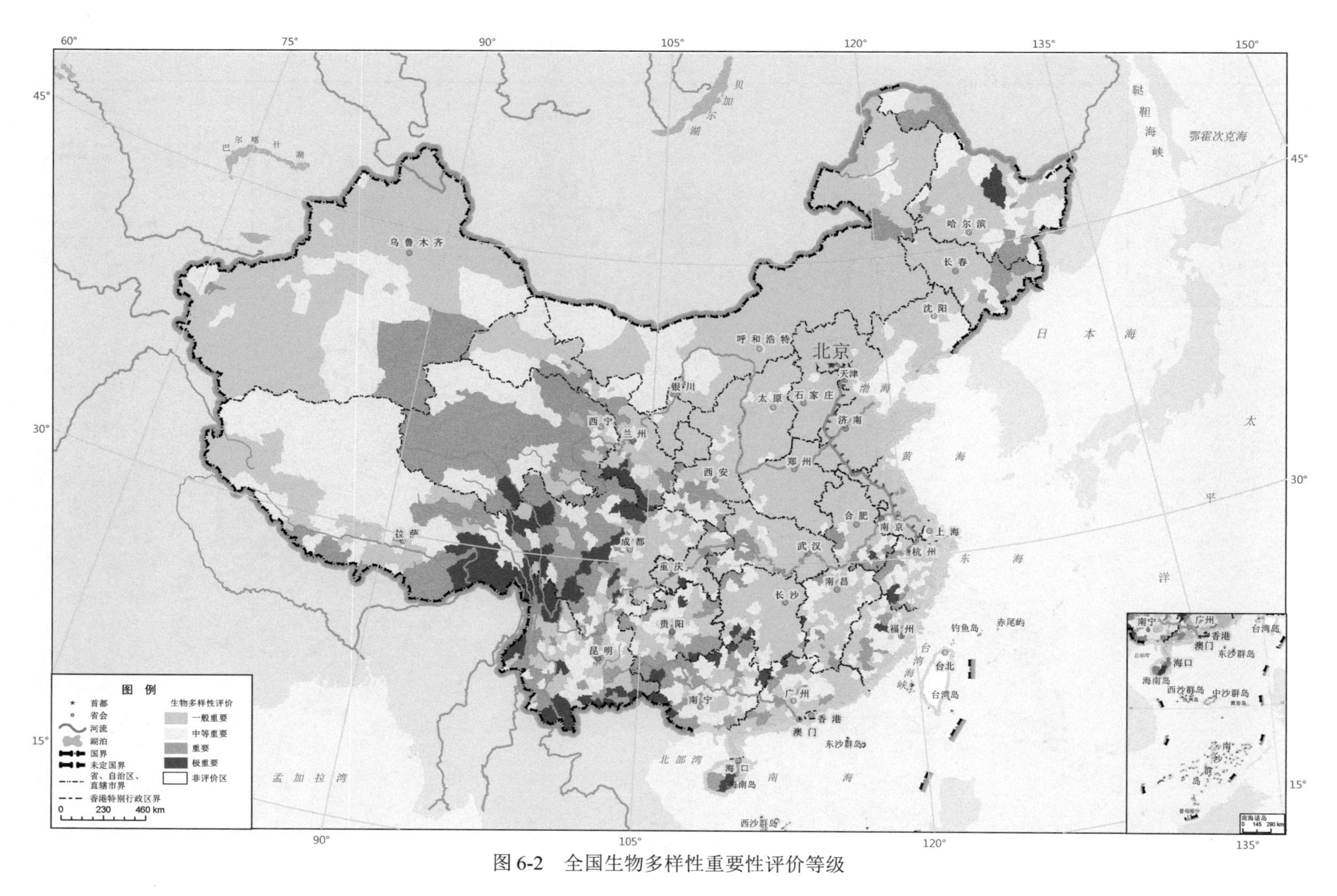

图 6-2　全国生物多样性重要性评价等级

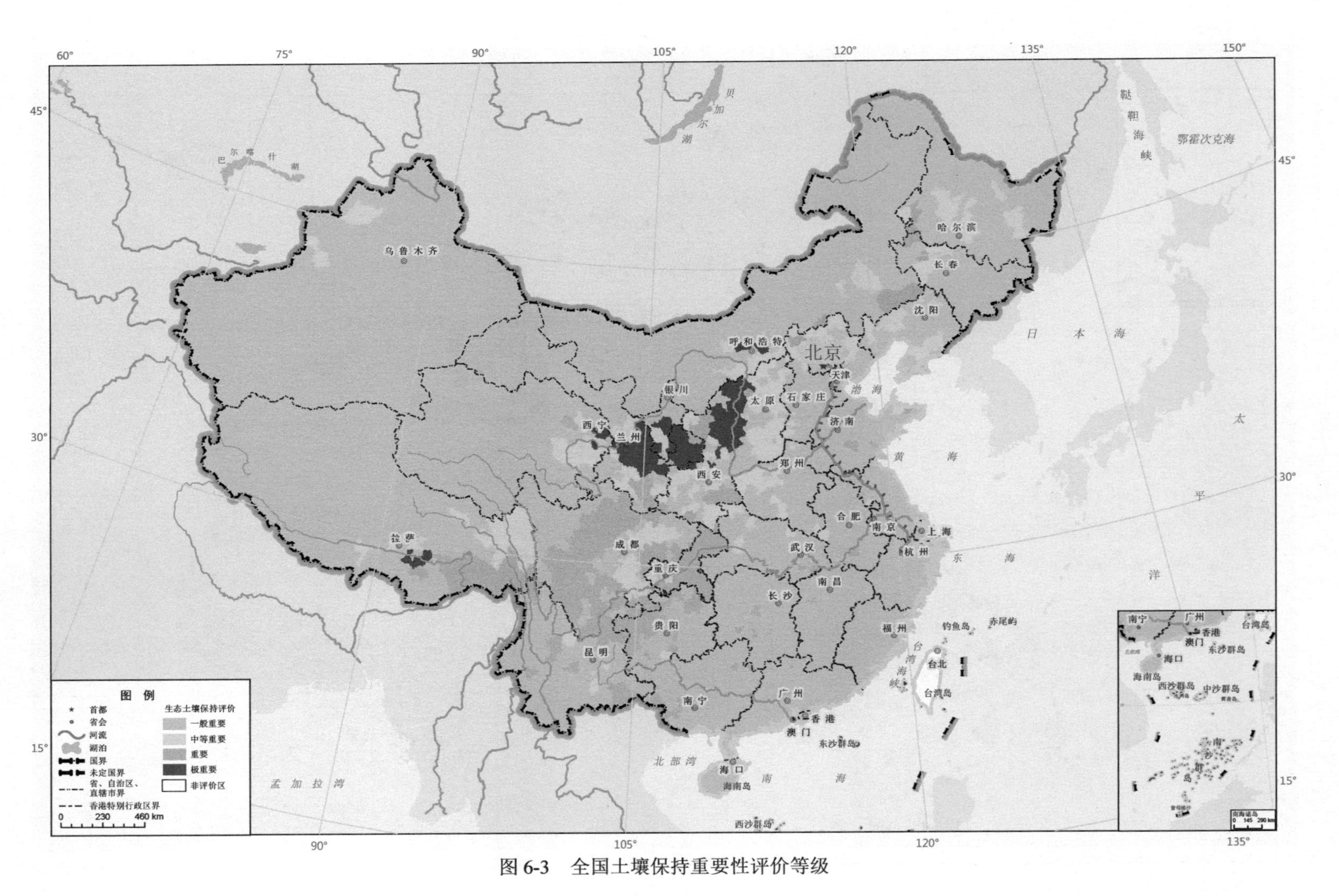

图 6-3 全国土壤保持重要性评价等级

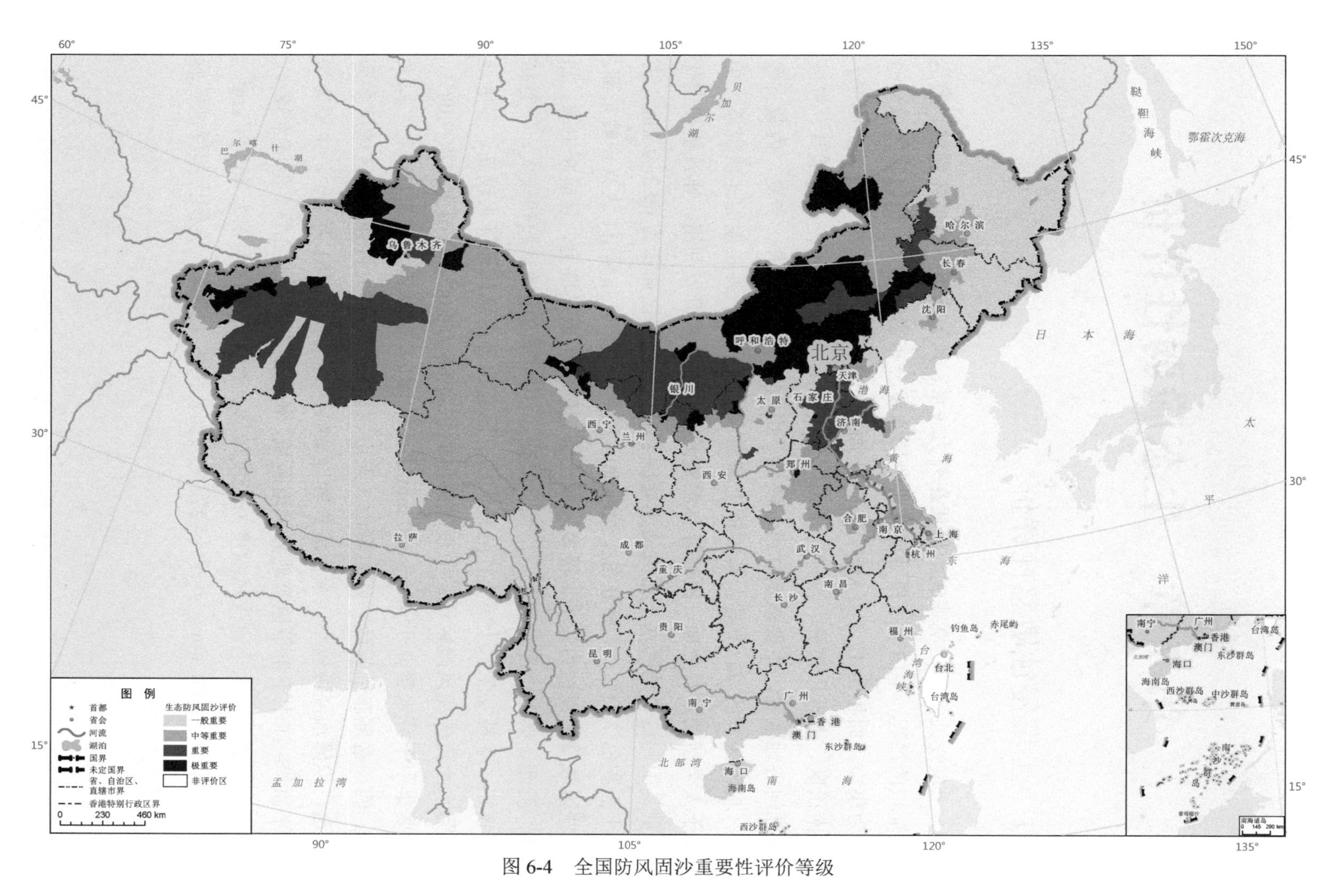

图 6-4　全国防风固沙重要性评价等级

第7章　生态脆弱性评价

7.1　土壤侵蚀敏感性评价

土壤侵蚀是指土壤或成土母质在外力（水、风）作用下被破坏剥蚀、搬运和沉积的过程。中国土壤侵蚀敏感性受降水量分布影响很大。极敏感区域分布较为集中，面积为17.7万km^2，占国土面积的1.87%。主要分布在黄土高原、西南山区、太行山部分、汉江源头山区、大青山、念青唐古拉山脉成片、横断山脉河谷地区等，主要涉及甘肃、陕西、山西、西藏、青海、宁夏、内蒙古等省（自治区）的74个县。其中黄土高原水土流失是一种长期的地质现象，但由于人类活动，对土地、植被等自然资源实行掠夺式开发利用，导致植被退化严重是引起这个地区水土流失的主要因素。高度敏感区面积为69.2万km^2，占国土面积的7.31%，主要分布在西南地区及燕山、努鲁儿虎山、大兴安岭东部。这些区域降水侵蚀力较大，很多区域土壤为砂壤土或黏壤土，且横断山脉、川西、滇西、秦巴山地及贵州、广西、湖南、江西等山区地形起伏较大，一旦植被破坏，容易发生水土流失；另外天山、昆仑山等山脉局部降水较高，零星地区为水土流失高风险区域。中度敏感区面积为86万km^2，占国土面积9.08%，主要集中于降水量介于400～800 mm之间区域，呈带状南北分布。东北平原大部、四川盆地东部丘陵，阿尔泰山、天山、昆仑山都有大量分布，区域虽多为山地，但降水侵蚀较小。水土流失轻度敏感区，面积为461万km^2，主要为华北平原、长江中下游平原等地势平坦区域，长白山东部虽为山区，但降水较少，植被保护较好，水土流失风险度为轻度敏感。西北部地区面积为462万km^2，由于降水低于300 mm，几乎不会发生大面积的水土流失。全国土壤侵蚀敏感性等级见图7-1。

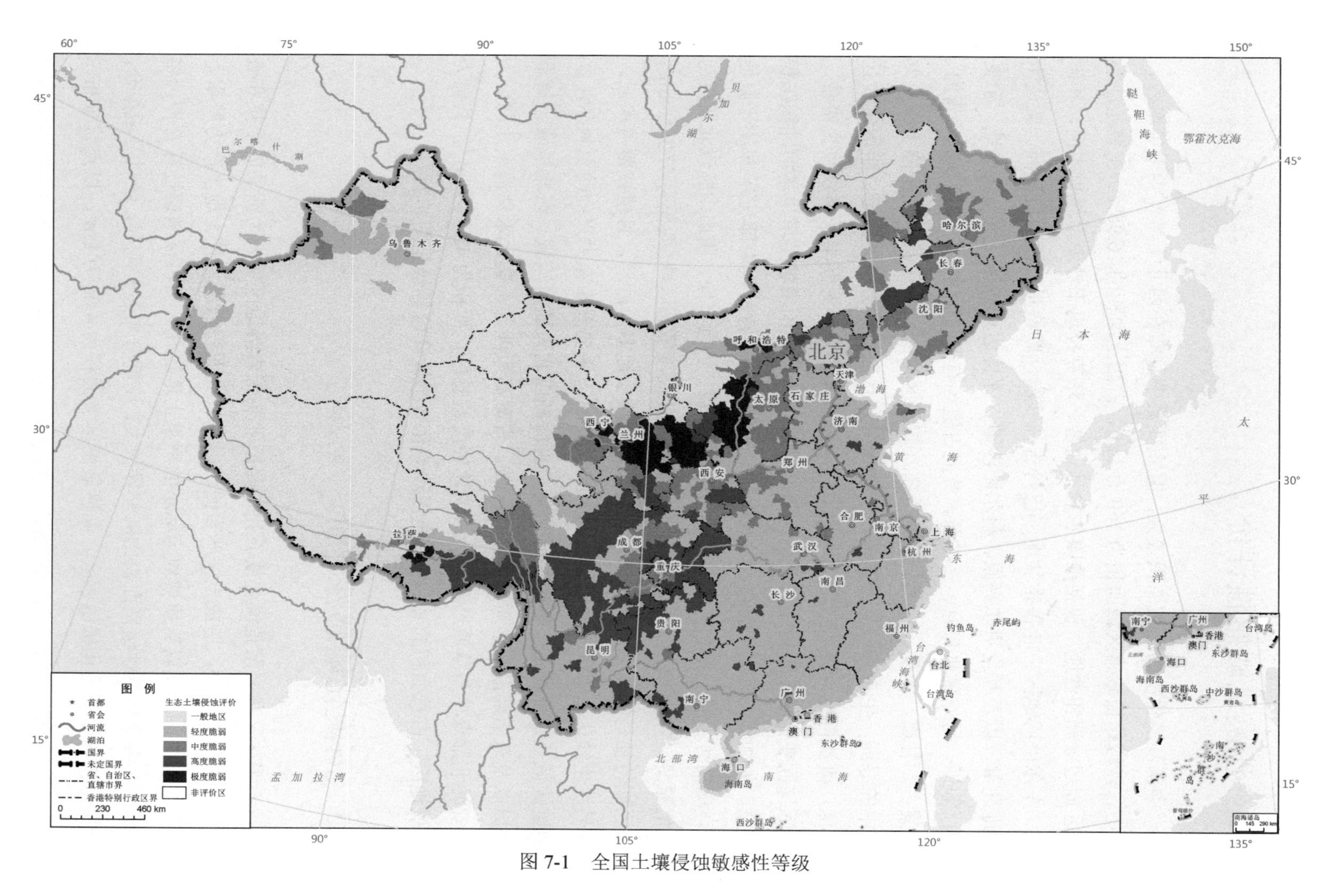

图 7-1　全国土壤侵蚀敏感性等级

7.2　沙漠化敏感性评价

中国沙漠化敏感区域面积较大，且主要集中分布在西北干旱、半干旱地区。其中，沙漠化极敏感区域面积为 160 万 km^2，占国土面积的 16.96%。主要是沙漠地区周边绿洲和沙地，包括准噶尔盆地边缘、塔克拉玛干沙漠沿塔里木河、和田河、车尔臣河地区、吐鲁番盆地、巴丹吉林沙漠、腾格里沙漠周边绿洲，柴达木盆地北部，以及呼伦贝尔高原、科尔沁沙地、浑善达克沙地、毛乌素沙地、宁夏平原等地。另外藏北高原、三江源、黄河古道等有零星分布。共涉及新疆、青海、内蒙古、甘肃、宁夏、山西、陕西等省（自治区）的 142 个县。这些位于沙漠戈壁中的绿洲，生态环境异常脆弱，沙漠植被一旦破坏就会引起固定、半固定沙丘活化，流沙再起，等等，造成绿洲退化；而沙地多为半湿润半干旱农牧交错带，年际气候变化较大，对于人类活动极其敏感。新疆天山南坡至塔里木河冲积洪积平原，如伽师、疏勒、温宿、轮台等地，古尔班通古特沙漠南部乌苏-阜康平原地区，疏勒河北部、柴达木盆地南部、四川若尔盖、河套平原、阴山山脉以北及黄河三角洲、科尔沁沙地以北广大地区等均为沙漠化高度敏感区域，面积为 47.3 万 km^2。该区域特征是气候干燥，大风日数较多，土壤质地多为砂质，且植被覆盖率低，容易发生沙化。中度敏感区面积为 81.5 万 km^2，主要分布在大兴安岭至科尔沁沙地过渡低丘、平原带，银山山脉以南、青海湖以北大通河流域、东北平原、黄淮平原以及东南部沿海砂质土壤分布区域。青藏高原西部、柴达木盆地东北部、大兴安岭北部森林与草原过渡区为沙漠化轻度敏感区，面积为 42.4 万 km^2，其余为一般地区，占总面积的 88.3%。全国沙漠化敏感性评价等级见图 7-2。

7.3　石漠化敏感性评价

石漠化又称岩溶荒漠化或石化，是指亚热带岩溶地区受人为活动的干扰和破坏，失去植被保护，造成土壤严重侵蚀，基岩大面积裸露，使土地生产力严重下降甚至丧失，出现以石质坡地为标志的严重土地退化。石漠化敏感性综合评价结果表明，各个敏感性级别面积比例差异很大，空间分布差异明显。经过县域拟合，全国范围内无石漠化极敏感区。高度敏感区域面积为 4.08 万 km^2，以点状分布，

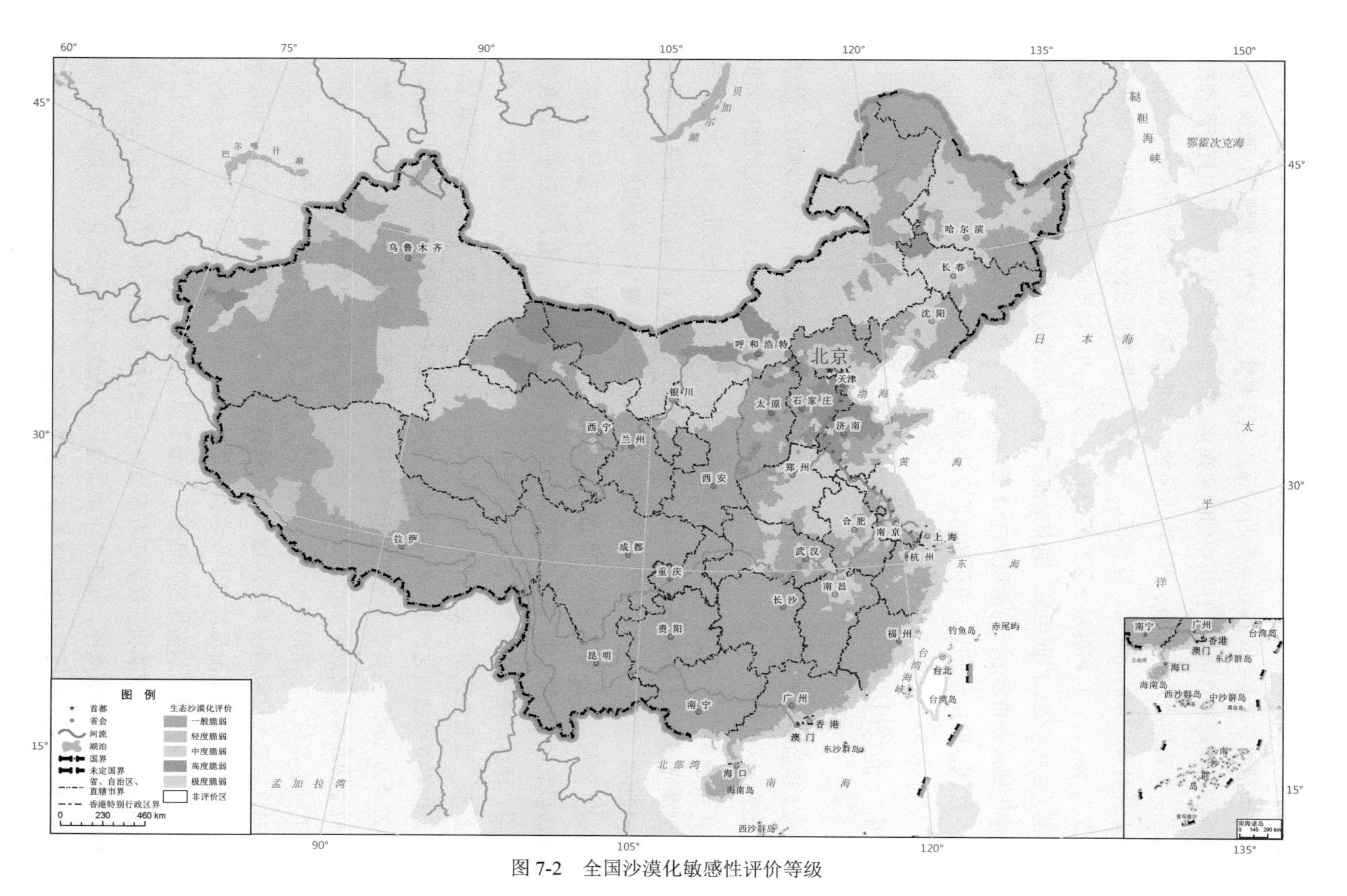

图 7-2　全国沙漠化敏感性评价等级

分散于 9 个省（自治区）的 22 个县市。包括贵州西部的大方县、纳雍县、六盘水市，南部的平塘县；广西西南部的天等县、隆安县、崇左市、龙州县，东部的阳朔县、富川瑶族自治县；四川中部的宝兴县，西部的得荣县；重庆的长寿区和巫溪县；湖南的冷水江市和永州市冷水滩区；湖北的咸宁市；安徽的池州市；江西的上高县及广东的韶关市、花都区、三水区。中度敏感度区域分布较广，面积为 48.7 万 km^2，它与高度敏感区交织分布，主要在四川盆地周边、四川西部、云南东部、贵州中部、广西中部、湖南南部、湖北西南部以及江西和湖北交界地区等；轻度敏感区分布零散，总面积为 3.61 万 km^2，主要分布于贵州、广西、广东、湖南、江西、四川。全国石漠化敏感性评价等级见图 7-3。

7.4 盐渍化敏感性评价

土壤盐渍化是指易溶性盐分在土壤表层积累的现象或过程，也称盐碱化。盐渍化敏感地区面积较广，分布集中，主要在西北干旱、半干旱地区。极度敏感区面积为 87.6 万 km^2，占国土面积的 9.26%。除滨海半湿润地区的盐渍土外，大致分布在沿淮河-秦岭-巴颜喀拉山-唐古拉山-喜马拉雅山一线以北广阔的半干旱、干旱和漠境地区，主要分布在塔里木盆地周边、和田河谷、准噶尔盆地周边、柴达木盆地、吐鲁番盆地等闭流盆地、罗布泊、疏勒河下游、黑河下游、河套平原西部、阴山以北浑善达克沙地以西、呼伦贝尔东部、西辽河河谷平原、三江平原以及环渤海、江苏沿海滨海低平原等地区，共涉及 12 个省（自治区、直辖市）的 120 个县市。西北地区由于处于干旱和半干旱和漠境地区，蒸发量远远大于降水量，自然因素导致盐渍化严重；沿海地区主要由于滨海盐土导致。高度敏感区域面积为 22.9 万 km^2，主要集中分布在准噶尔盆地东南部、哈密地区、北山洪积平原、河西走廊北部、阿拉善洪积平原区、宁夏平原、河套平原东部、海河平原、阴山以北河谷区域、东南沿海地区、大兴安岭、东北平原河谷地区及青藏高原内零星分布，主要为洪积湖积平原区域。中度敏感区面积为 49.6 万 km^2，主要分布在额尔齐斯河和伊犁河流域冲积洪积平原、塔城、青海湖以西布哈河流域平原地区、河西走廊南部、鄂尔多斯高原西部、黄淮平原、锡林浩特地区、江苏南部，以及江西中部、广东南部和三江源等有零星分布；轻度敏感区面积为 28.1 万 km^2，分散在西北部及青藏高原、长江中下游等地；其余地区均为盐渍化一般地区，面积为 759 万 km^2。全国盐渍化敏感性评价等级见图 7-4。

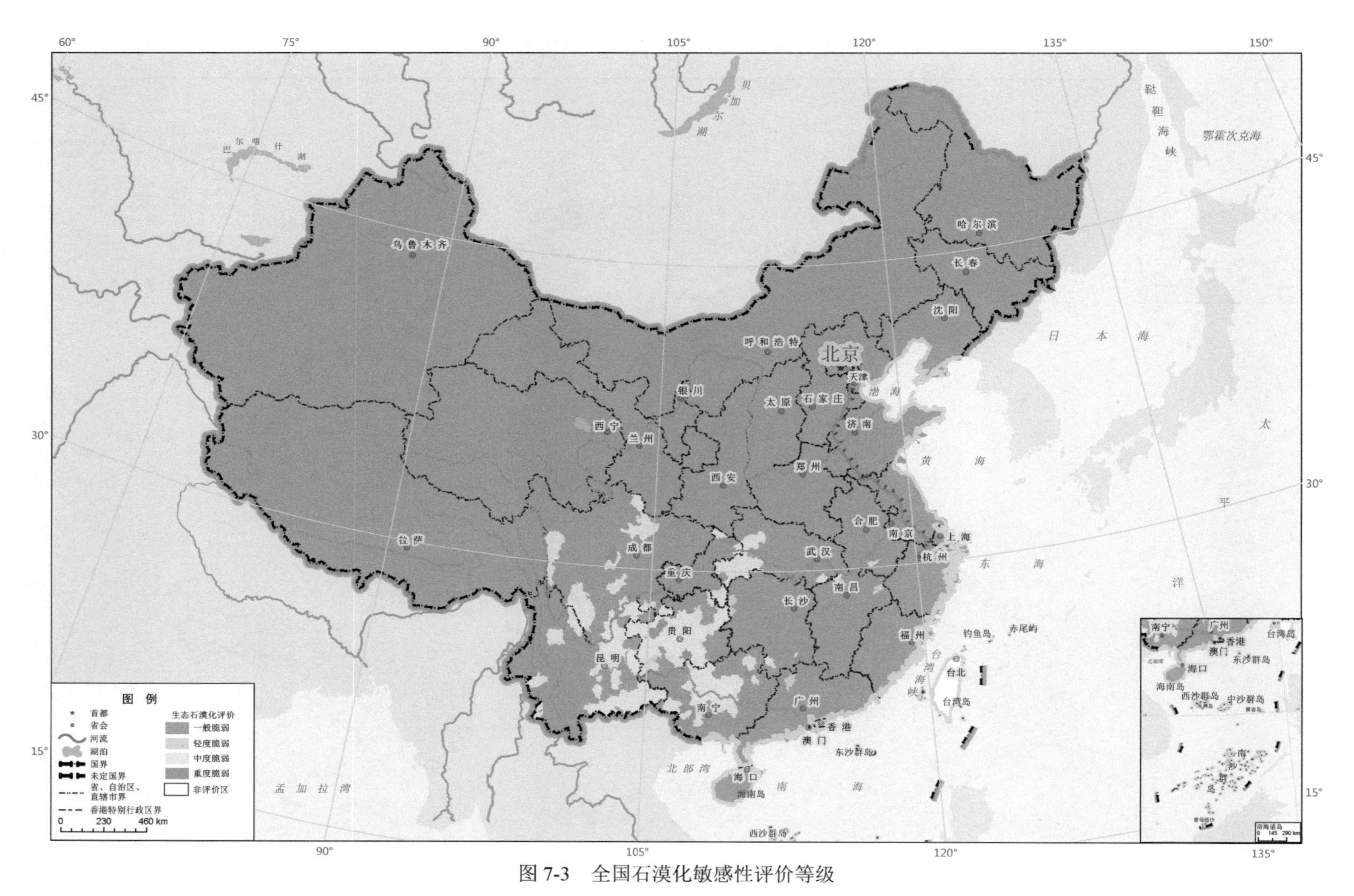

图 7-3 全国石漠化敏感性评价等级

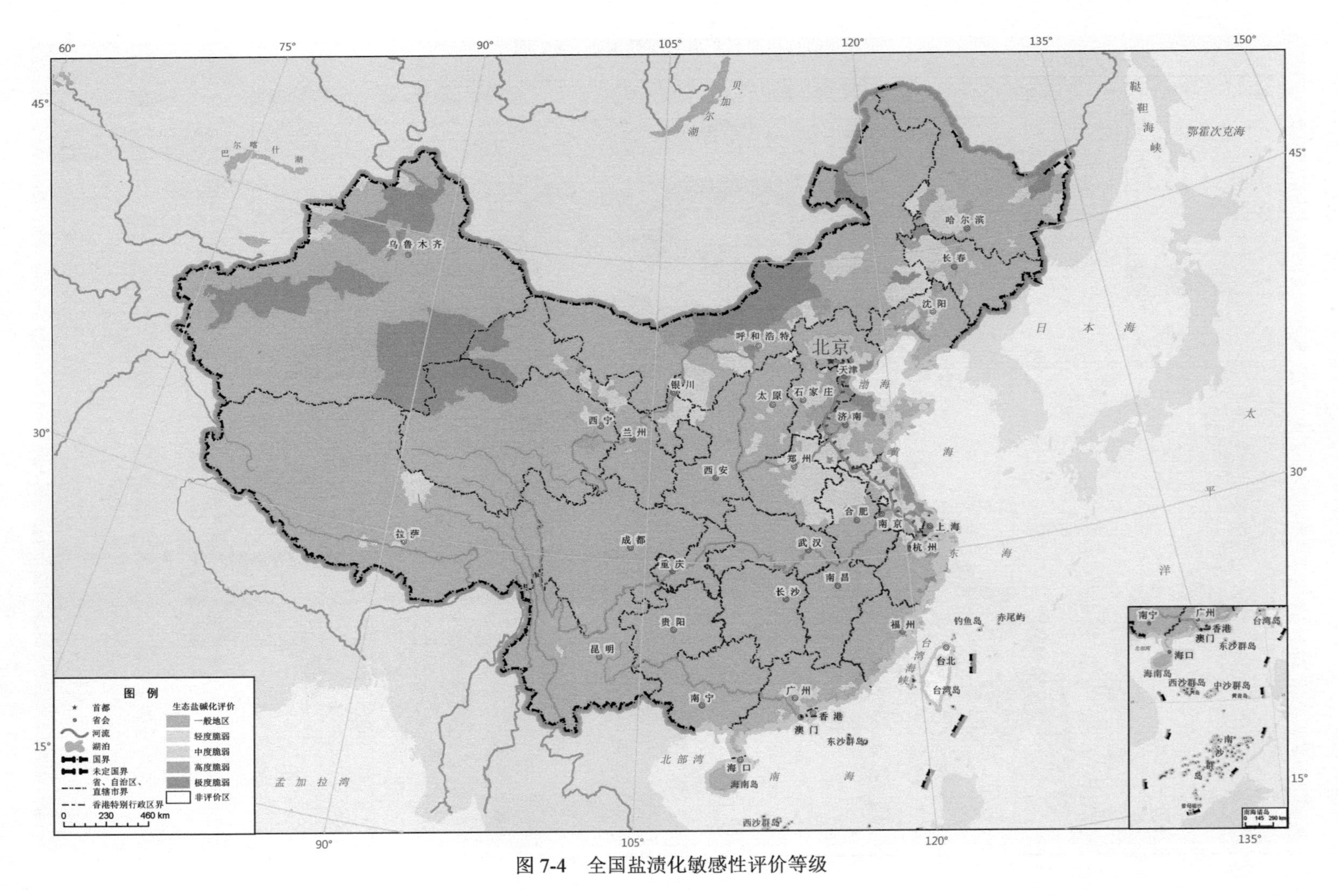

图 7-4　全国盐渍化敏感性评价等级

第8章　生态安全格局构建

8.1　生态安全格局现状分析

8.1.1　生态重要性综合分析

经综合评价，全国尺度生态重要性分为5个等级，分别是：极重要、非常重要、重要、比较重要、一般。全国生态重要性评价等级见图8-1。极重要地区为至少具有两种生态服务功能，并且其中一种功能的单项指标评价等级为极重要；非常重要地区为至少具有一种生态服务功能，且该功能评价等级为极重要；或者具有两种以上生态服务功能，且至少两种功能单项评价等级为非常重要。重要以上区域占国土面积的42.12%，生态功能重要性各等级占国土面积比例如表8-1所示。

表8-1　生态功能重要性等级

等级	涉及县/个	面积/万 km^2	占国土面积/%
极重要	137	103	10.74
非常重要	221	121	12.62
重要	284	180	18.76
比较重要	773	286	29.82
一般	932	252	26.27
总计（不包括台湾及南海诸岛）	2347	943	98.23

生态功能极重要地区面积大约是103万 km^2，占国土面积的10.74%，主要分布在辽宁、吉林、黑龙江、内蒙古、西藏、青海、四川、陕西等省（自治区）的137个县级行政区。包括长白山水源涵养极重要区、大兴安岭南部水源涵养及防风固沙极重要区、毛乌素沙地周边土壤保持及防风固沙极重要区、祁连山脉水源涵养

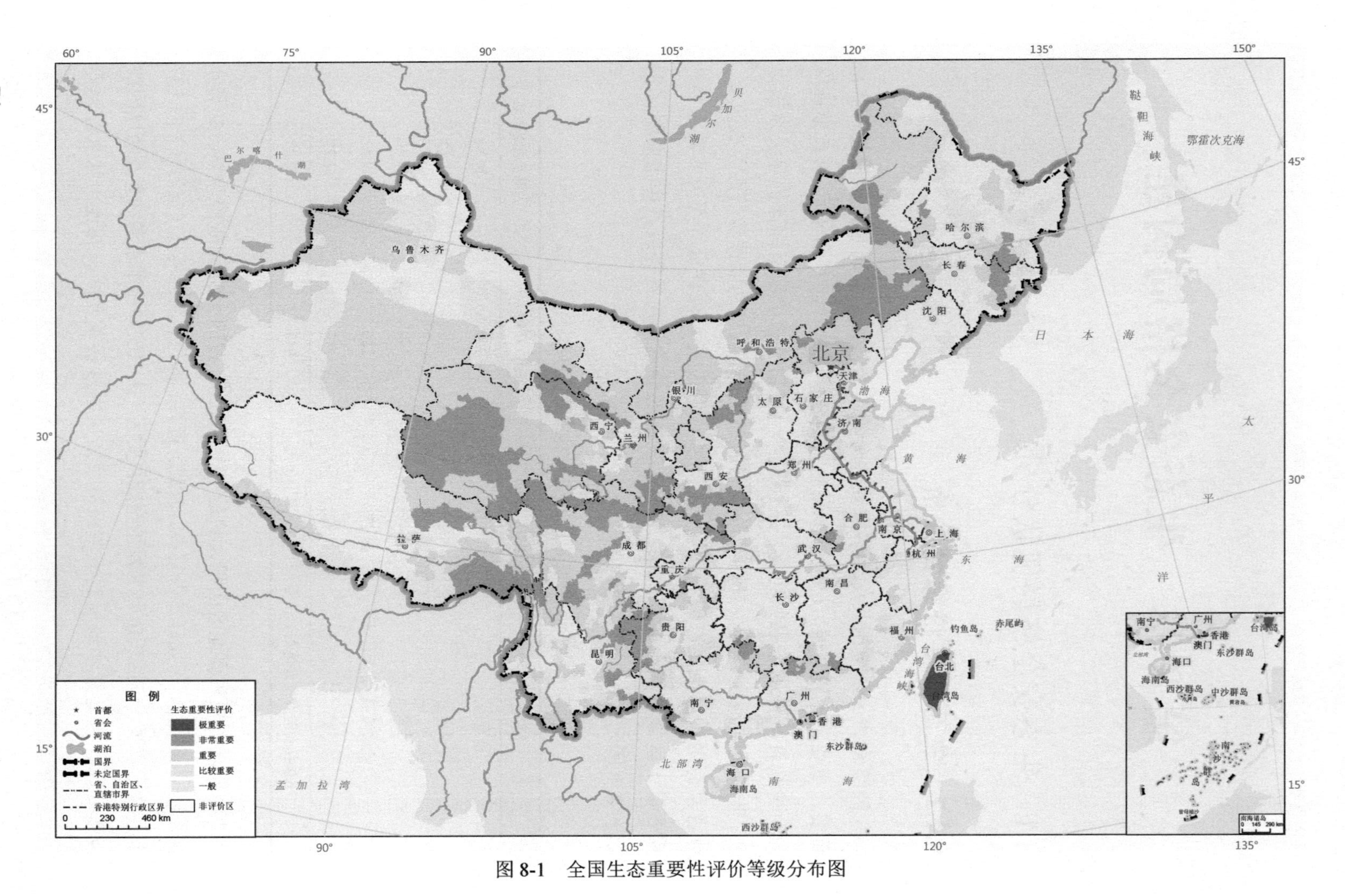

图 8-1　全国生态重要性评价等级分布图

极重要区、三江源水源涵养及生物多样性极重要区、秦巴山区水源涵养极重要区、乌蒙山区水源涵养极重要区、大别山地区水源涵养极重要区、南岭地区水源涵养极重要区，以及藏南生物多样性保护重要区和川西高山峡谷生物多样性极重要区等。生态功能极重要地区中以水源涵养为主导功能的县级行政区数量多且面积广，总计 102 个县市，占极重要地区县市数的 74.4%，面积为极重要地区总面积的 81.16%。其中，大兴安岭南部地区是西辽河、滦河源头，同时毗邻科尔沁沙地和浑善达克沙地，因此具有水源涵养和防风固沙双重重要性；以防风固沙为主导因素的极重要区除了分布在大兴安岭南部外，还分布在毛乌素沙地和浑善达克沙地周边，这一区域同时也是黄土高坡的水土保持极重要区。以生物多样性为主导功能的极重要区集中分布在西南山地，复杂的地形与有利的湿润条件的独特结合致使该地区生物多样性极其丰富，拥有大量的特有动植物物种。生态功能重要性等级各主导功能所占比例见表 8-2。

表 8-2　生态功能极重要区分布特征

主导功能	涉及县/个	面积/万 km^2	占该等级面积比例[a]/%	分布特征
水源涵养	102	83.7	81.2	长白山、大兴安岭南部、祁连山脉、三江源、秦巴山、乌蒙山区、大别山地区、南岭地区
土壤保持	13	44	4.26	毛乌素沙地周边、贵州西部
防风固沙	30	18.2	17.6	大兴安岭南部、毛乌素沙地周边、浑善达克沙地周边
生物多样性	22	17.9	17.3	藏东南、川西高山峡谷

a. 有些重要地区具有两种以上重要性主导功能，因此各功能占该等级面积比例之和大于 100%。

生态功能非常重要地区与极重要地区交织分布，面积大约 121 万 km^2，占国土面积的 12.8%。生态功能非常重要区域分布很广，遍及我国大陆 27 个省（自治区、直辖市）的 221 个县级行政区，包括分布于西北干旱半干旱地区的防风固沙非常重要区；散布于西北、西南各地的土壤保持非常重要区；集中分布于我国西南各省（自治区、直辖市）和海南的生物多样性非常重要区；广泛分布于全国的黑龙江、松花江、海拉尔河、塔里木河、雅鲁藏布江、嘉陵江源头，丹江口库区等水源涵养非常重要区。如表 8-3 所示，生态功能非常重要区域以主导功能为水源涵养和生物多样性的县市居多，分别占该等级的 33.9%和 37.1%，其中水源涵养地区面积较大，占该等级总面积的 46%。

表 8-3　生态功能非常重要区分布特征

主导功能	涉及县/个	面积/万 km²	占该等级面积比例[a]/%	分布特征
水源涵养	75	55.8	46	黑龙江、松花江、海拉尔河、塔里木河、雅鲁藏布江、嘉陵江源头，丹江口库区等
土壤保持	47	19.1	15.8	西北、西南地区
防风固沙	52	25.3	20.9	西北干旱半干旱地区
生物多样性	82	36.1	29.8	西南地区、海南

a. 有些重要地区具有两种以上重要性主导功能，因此各功能占该等级面积比例之和大于 100%。

生态功能重要区面积 180 万 km^2，占国土面积的 19.1%，集中分布在我国西北地区，西南地区也有小面积的零星分布。与极重要和非常重要地区水源涵养主导功能不同，中等重要地区的主导功能以防风固沙为主，面积约占该等级 59%，其次为生物多样性重要区，面积占该等级的 20.2%（表 8-4）。

表 8-4　生态功能重要区分布特征

主导功能	涉及县/个	面积/万 km²	占该等级面积比例/%	分布特征
水源涵养	48	18.3	10.1	
土壤保持	85	19.3	10.7	集中分布于黄土高原，以及散布于西南各地
防风固沙	124	106	59	西北大部
生物多样性	27	36.3	20.2	新疆东南部、青海中东部

8.1.2　生态脆弱性综合评价

全国陆地生态脆弱性分为五个等级，分别是：极度脆弱、高度脆弱、中度脆弱、轻度脆弱和一般。全国脆弱性评价等级见图 8-2。极度脆弱地区是指四个分指标中至少有两个指标的风险度为高风险以上；高度脆弱地区为至少有两个指标中度风险以上。沙漠和戈壁属于无人区，并且以目前的技术不宜治理，因此沙漠戈壁不纳入脆弱性评价体系，戈壁沙漠周边绿洲、沙地和草地为重点评估对象。根据评价结果，全国陆地大约 18%的国土面积处于极度脆弱和高度脆弱。全国陆地生态脆弱性等级见表 8-5。

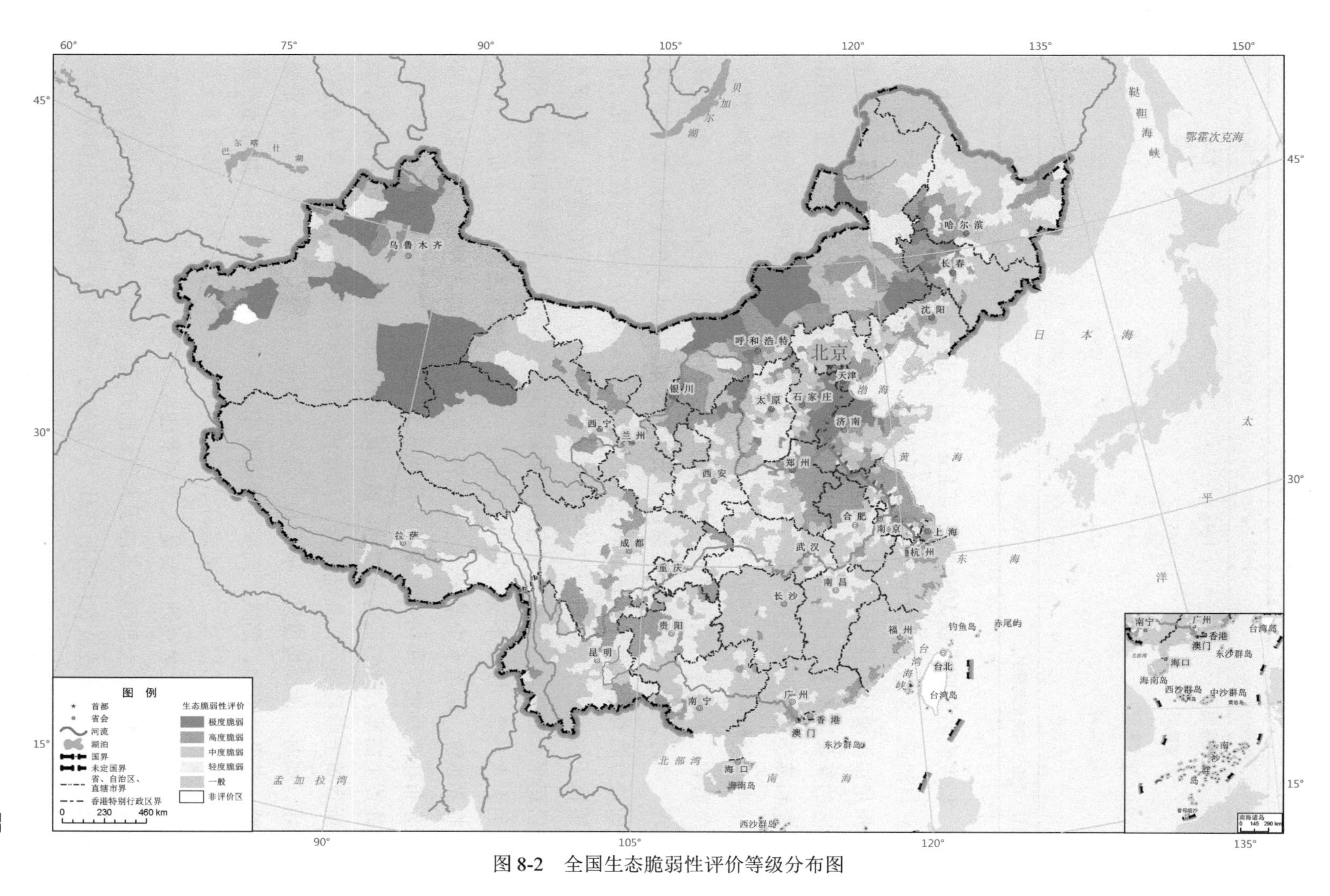

图 8-2 全国生态脆弱性评价等级分布图

表 8-5 全国陆地生态脆弱性等级

等级	涉及县/个	面积/万 km^2	占国土面积/%
极度脆弱	144	70.6	7.35
高度脆弱	465	98.5	10.26
中度脆弱	214	86.9	9.05
轻度脆弱	628	179.2	18.87
一般地区	896	508.1	52.93
总计（台湾及南海诸岛除外）	2347	943	98.26

极度脆弱地区面积大约 70.6 万 km^2，占国土面积的 7.35%，共涉及 16 个省（自治区、直辖市）的 144 个县级行政区。极度脆弱地区中约有 85%以上的面积是由沙漠化和盐渍化两个因素共同造成，集中连片分布于西北干旱半干旱地区的新疆塔里木盆地、准噶尔盆地，青海柴达木盆地周边绿洲，内蒙古阴山北麓和浑善达克沙地北部草原、科尔沁草原，以及海河平原和松辽平原。西北干旱半干旱地区降水量稀少，土地干燥，不利于植被生长；人类的乱砍滥伐、过度放牧、不合理的利用耕地等人为原因导致植被破坏，进而加速了沙漠化的进程。同时，这些地区的蒸发量远远大于降水量，在地下水浅埋地段，地下水中的盐分随着蒸发而不断向地表迁移聚集，导致盐渍化严重。而在盐渍化土地上植物无法正常生长，进一步使得土地恶化，促进了土地的沙漠化。海河平原和松辽平原的土地盐渍化除了自然因素外还有水资源的不合理利用造成，大面积的大水漫灌，排水不畅，促使土壤积盐；同时，漫灌还使地下水位上升，超过临界水位，地下水中盐分沿土壤毛管孔隙上升并在地表积累。除此以外，还有分布在陕西北部和松嫩平原的沙漠化和土壤侵蚀极敏感区。陕西北部脆弱区地处黄土高原，毗邻毛乌素沙地。该区域土壤侵蚀主要由地表径流冲刷疏松黄土所致黄土颗粒细小，质地疏松，具有直立性并含有碳酸钙，遇水容易溶解、崩塌。同时，地面坡度陡、坡面长，降雨多暴雨，且集中在 7～8 月份，造成奇峰、陡壁、溶洞、陷穴、天生桥等微地貌，更助长了沟壑扩展，加速水土流失。除了上述自然因素，植被破坏、不合理耕种、开矿等人为活动加剧了土壤侵蚀。松嫩平原土壤侵蚀主要是人为因素造成：松嫩平原土壤以腐殖土（黑壤）为主，土地肥沃，土质疏松。由于大面积的开荒，地表可增加土壤持水力的各种灌木、草原等植被被农作物所替代，农作物的轮作使得土壤得不到有效保护，

致使黑土地的水土流失面积不断增加。由于水土流失，导致土壤黑土层和有机质进一步流失，土质恶化，加速了土壤侵蚀速度。各因素导致的极度脆弱地区比例见表 8-6。

表 8-6　生态极度脆弱地区分布特征

主导功能	涉及县/个	面积/万 km^2	占该等级面积比例[a]/%	分布特征
土壤侵蚀	13	3.39	4.80	陕西北部和松嫩平原、湖北咸宁市
沙漠化	116	65.1	92.2	新疆塔里木盆地、准噶尔盆地，青海柴达木盆地周边绿洲，内蒙古阴山北麓和浑善达克沙地北部草原、科尔沁草原，以及海河平原；陕西北部和松辽平原
盐渍化	116	63.8	90.3	新疆塔里木盆地、准噶尔盆地，青海柴达木盆地周边绿洲，内蒙古阴山北麓和浑善达克沙地北部草原、科尔沁草原，以及海河平原、松辽平原
石漠化	4	0.364	0.516	湖北咸宁市

a. 有些脆弱性地区由两种以上因素造成，因此各因素占该等级面积比例之和大于 100%。

高度脆弱地区广泛分布于我国各地，总面积 98.5 万 km^2，占国土面积的 10.4%，共涉及 465 个县级行政区。主要包括东北平原、鄂尔多斯高原、天山北麓、河西走廊和华北平原的沙漠化敏感区，占该等级总面积的 59.5%；东部滨海区域盐渍化敏感区，占该等级总面积的 45.9%；东部滨海区域原因由海岸外延或海潮入侵造成：海水退后，土壤中残留大量盐分，使土壤发生盐渍化；除此之外，有些地区地下水长期超采引起海水入侵，地下水矿化度增加，加剧土壤盐渍化。高度脆弱地区还包括散布在东北平原、云贵高原的土壤侵蚀敏感区和以点状分布于四川、重庆、贵州、广西、湖南、江西、安徽各省（自治区、直辖市）的石漠化敏感区。我国西南、中南各地特别是贵州、广西山地是我国石漠化极度敏感地区。导致石漠化的原因是多方面的，包括地质、地貌、土壤、植被、江水等因素，同时也包括人为因素。我国西南、中南各地山地山高坡陡，地面崎岖，岩石可溶，再加上雨量充沛且集中，多发大到暴雨，对较薄的土层造成侵蚀冲刷，致使土地石漠化。由于西南山区耕地较少，经济贫困，因缺粮而导致盲目扩大耕地，陡坡开荒，森林砍伐，进一步加剧水土流失，加速土地石漠化。各因素导致的高度脆弱地区比例见表 8-7。

表 8-7　生态高度脆弱地区分布特征

主导功能	涉及县/个	面积/万 km^2	占该等级面积比例[a]/%	分布特征
土壤侵蚀	90	24.2	24.5	东北平原、云贵高原
沙漠化	290	58.6	59.5	包括东北平原、鄂尔多斯高原、天山北麓、河西走廊和华北平原
盐渍化	275	45.2	45.9	东部滨海区域
石漠化	17	3.50	3.55	以点状分布于四川、重庆、贵州、广西、湖南、江西、安徽

a. 有些重要地区具有两种以上重要性主导功能，因此各功能占该等级面积比例之和大于 100%。

8.2　生态安全格局构建概况

依据区域联通性和功能相似性原则并参考国家主体功能区划，构建以 23 个重要生态功能区为骨架的生态安全格局，23 个重要生态功能区共涉及 638 个县市，面积 478.03 万 km^2，约占国土面积的 50%。23 个生态功能板块的命名原则为：生态功能板块名=地区名+面积百分比最大的一到两个重要功能+重要区，分别为大小兴安岭生物多样性保护重要区、内蒙古东部草原防风固沙重要区、东北三省国界生物多样性保护重要区、华北水源涵养重要区、太行山山脉水土保持重要区、黄土高原水土保持重要区、西北防风固沙重要区、新疆北部水源涵养及生物多样性保护重要区、祁连山地水源涵养重要区、羌塘生物多样性保护重要区、藏南生物多样性保护重要区、青藏高原水源涵养重要区、川贵滇水土保持重要区、川滇生物多样性保护重要区、秦巴山地水源涵养重要区、豫鄂皖交界山地水源涵养重要区、长江中下游生物多样性保护重要区、南岭地区水源涵养重要区、淮河中下游湿地生物多样性保护重要区、武陵山区生物多样性保护重要区、浙闽赣交界山地生物多样性保护重要区、桂西南生物多样性保护重要区、海南岛中部山地生物多样性保护重要区，全国重要生态功能区概况见表 8-8。

表 8-8　全国重要生态功能区概况表

区号	名称	面积/万 km^2	包含县市数/个
1	大小兴安岭生物多样性保护重要区	32.7	20
2	内蒙古东部草原防风固沙重要区	19.4	18
3	东北三省国界生物多样性保护重要区	19.7	37

续表

区号	名称	面积/万 km^2	包含县市数/个
4	华北水源涵养重要区	9.9	21
5	太行山山脉水土保持重要区	4.3	28
6	黄土高原水土保持重要区	15.7	53
7	西北防风固沙重要区	34.1	11
8	新疆北部水源涵养及生物多样性保护重要区	15.1	16
9	祁连山水源涵养重要区	11.5	14
10	羌塘生物多样性保护重要区	46.4	9
11	藏南生物多样性保护重要区	16.8	16
12	青藏高原水源涵养重要区	49.52	24
13	川贵滇水土保持重要区	23.3	93
14	川滇生物多样性保护重要区	32	65
15	秦巴山地水源涵养保护重要区	18.37	64
16	豫鄂皖交界山地水源涵养重要区	18.11	21
17	长江中下游生物多样性保护重要区	91.59	39
18	南岭地区水源涵养重要区	10.38	47
19	淮河中下游湿地生物多样性保护重要区	2.37	11
20	武陵山区生物多样性保护重要区	0.97	3
21	浙闽赣交界山地生物多样性保护重要区	2.39	13
22	桂西南生物多样性保护重要区	1.8	7
23	海南岛中部山地生物多样性保护重要区	1.63	8

生态重要性综合评价结果显示，极重要区和非常重要区对于维持我国的生态系统结构和功能的稳定性、保障国家生态安全起着极为重要的作用，因此在充分参考《全国生态功能区划》的成果基础上，遴选生态重要性级别为极重要和非常重要的县级行政区作为重要生态功能区，并对其进行生态安全现状评价。

在划定的重要生态功能区基础上，依据《中国生态系统与生态功能区划数据库》中各单要素重要性指标赋值以及《全国生态功能区划》中的生态功能重要区分布，确定生态功能区的等级，将我国生态功能重要区中的水源涵养、水土保持、生物多样性保护、防风固沙等生态服务功能极重要区以及国家级自然保护区提取出来作为重点保护区域。重要生态区占国土面积的 39.8%，重点生态保护区占国土面积的 12.8%。重要生态区和重点生态保护区域的全国分布见图 8-3。

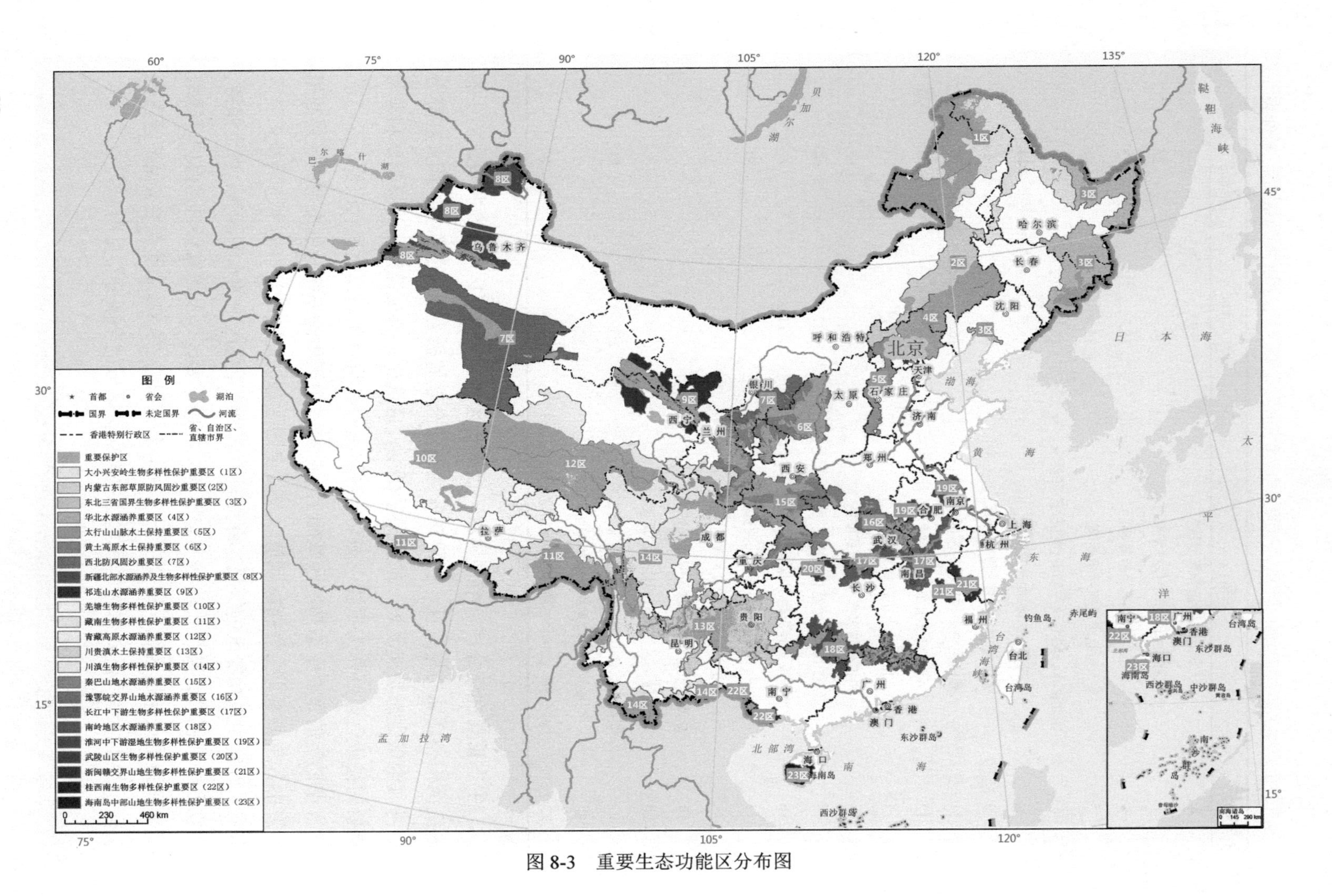

图 8-3 重要生态功能区分布图

第 9 章　生态安全现状评价

9.1　生态安全单要素评价

根据生态支撑力指标计算方法，以县域为单元计算全国重要生态功能区生态支撑力单要素分布情况，并采用自然间断法将其分为五级。

9.1.1　年均降水量

根据年均降水量的数值分布不同将降水量分为<200 mm、200～400 mm、400～800 mm、800～1600 mm 和>1600 mm 五个等级，其面积占比分别为 66.4%、17.14%、9.12%、5.26%和 2.07%。由此可见，年均降水量小于 200 mm 的区域占整个重要生态功能区的半数以上，降水的空间分布由东南沿海向西北内陆逐级递减（图 9-1）。

9.1.2　年平均温度

将年平均温度按照<5.5℃、5.5～11.12℃、11.13～15.34℃、15.35～18.85℃和>18.86℃分为五个等级，其面积占比分别为 46.83%、29.37%、8.51%、10.50%和 4.79%（图 9-2）。

9.1.3　平均海拔

根据平均海拔的差异，将重要生态功能区平均海拔划分为低丘和平原区、低山和丘陵区、中高山区、高山和高平原区、更高山区五个等级，中高山区、高山和高平原区所占面积比例最高（图 9-3）。

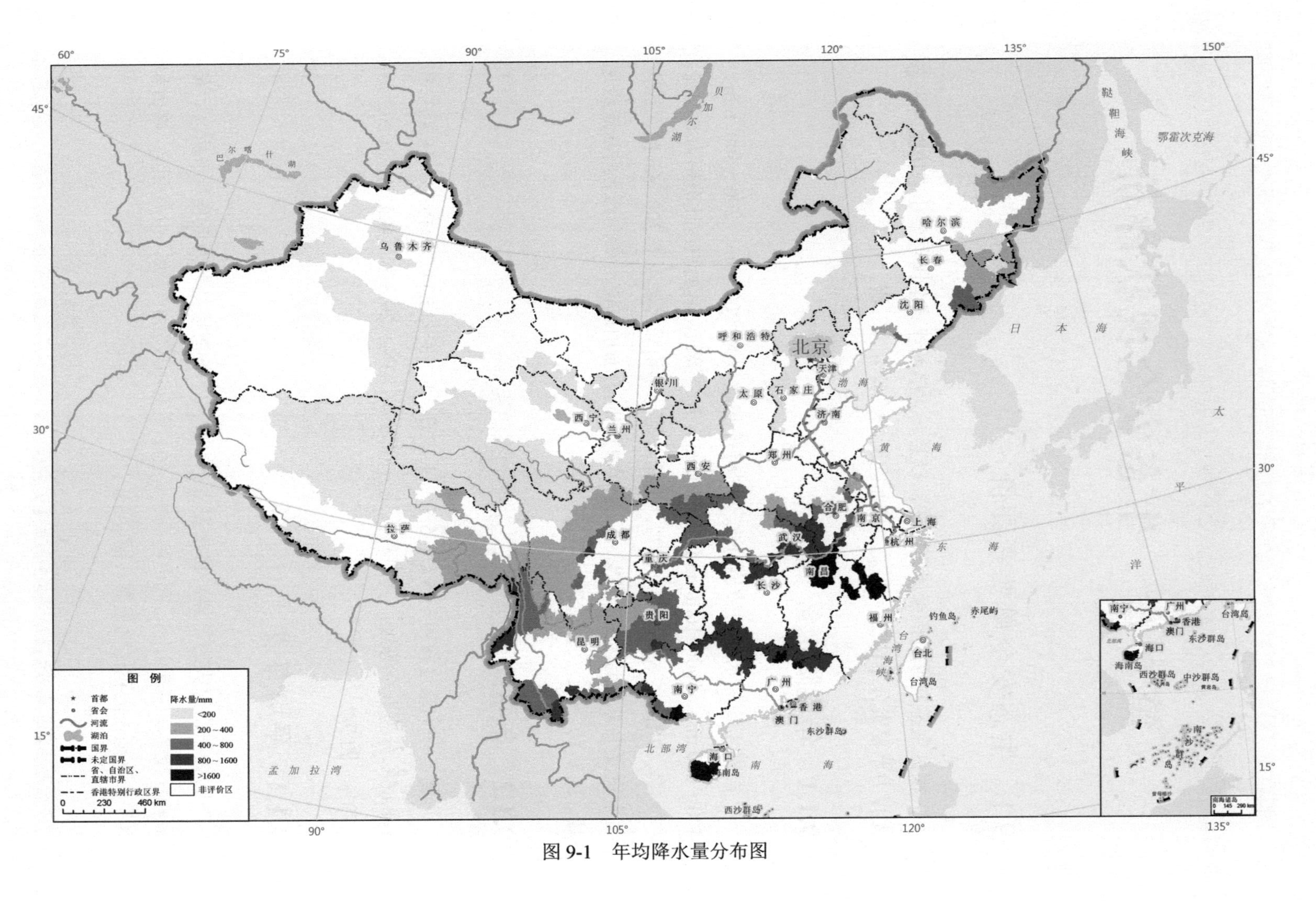

图 9-1 年均降水量分布图

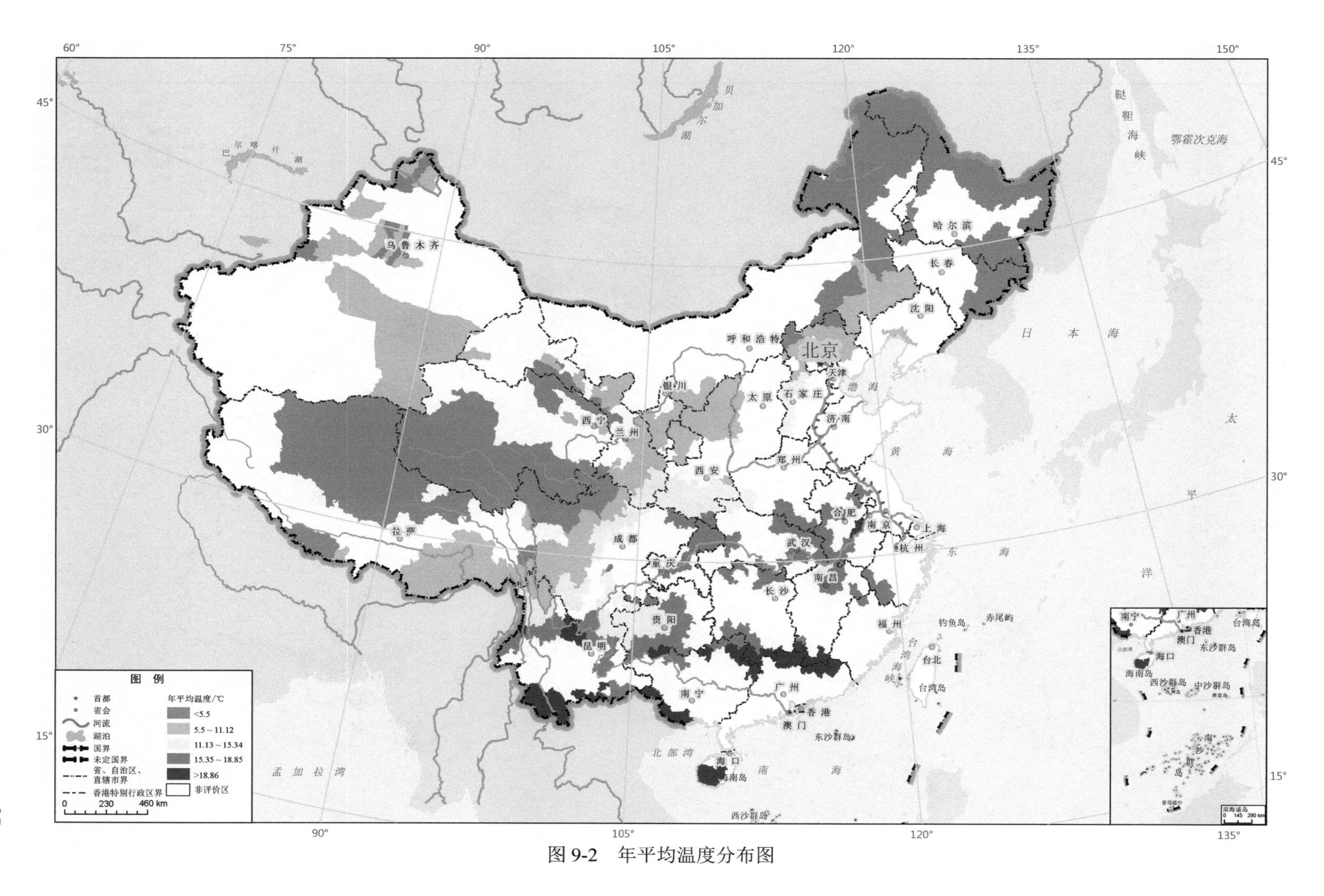

图 9-2　年平均温度分布图

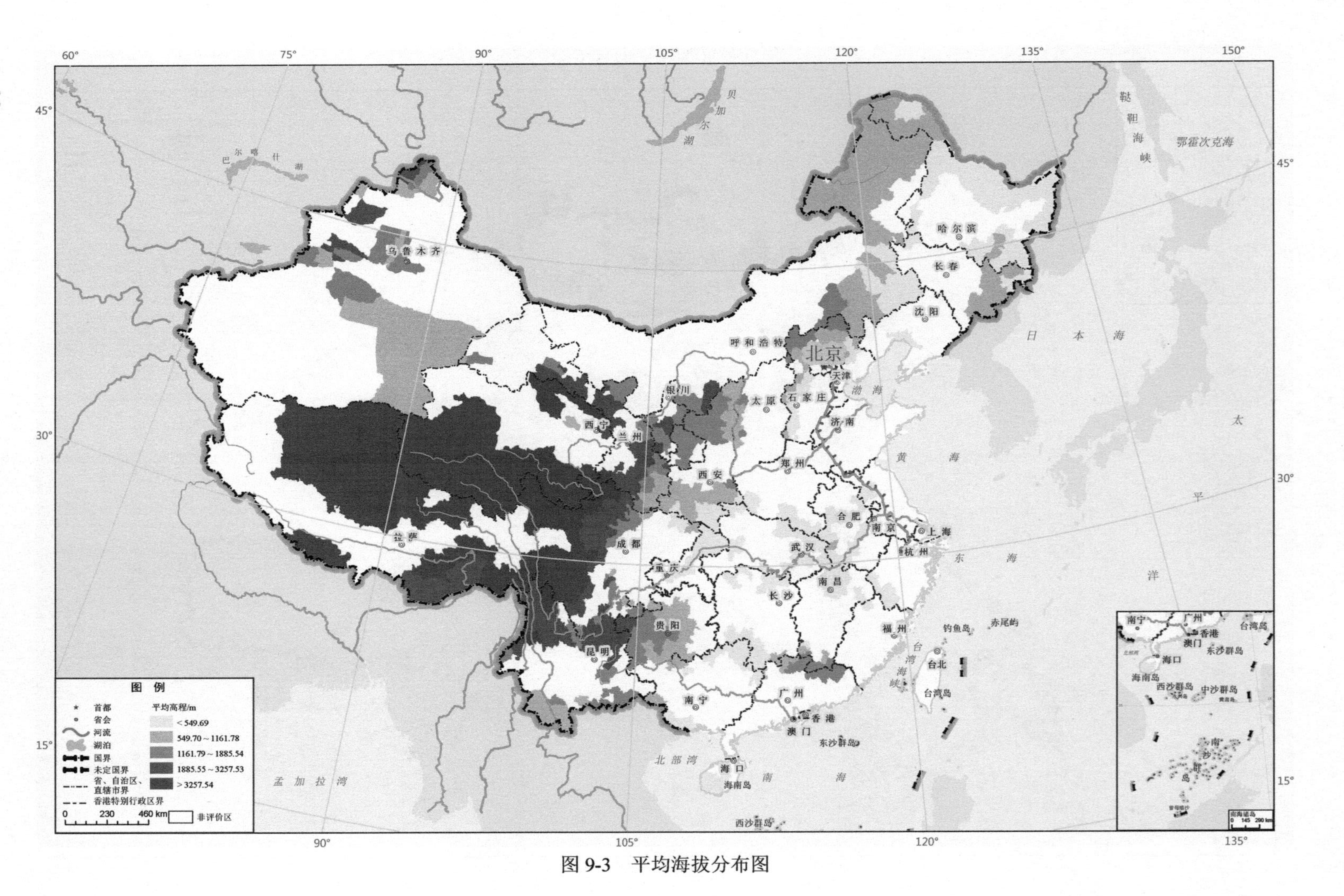
图例
首都
省会
河流
湖泊
国界
未定国界
省、自治区、直辖市界
香港特别行政区界
平均高程/m
< 549.69
549.70～1161.78
1161.79～1885.54
1885.55～3257.53
> 3257.54
非评价区
0 230 460 km

图 9-3 平均海拔分布图

9.1.4 景观破碎度

根据景观破碎度的不同程度，将重要生态功能区景观破碎度划分为极低破碎、轻度破碎、中度破碎、重度破碎和严重破碎五个等级，其面积占比分别为 13.07%、9.78%、18.23%、34.96%和 23.89%，由此可见我国重度破碎和严重破碎的区域占整个重要生态功能区的 50%以上，重要生态功能区受到破碎化干扰较为严重（图 9-4）。

9.1.5 植被覆盖率

根据植被覆盖率的高低，将我国重要生态功能区划分为五个等级，分别为极低覆盖率、低覆盖率、中度覆盖率、高覆盖率和极高覆盖率，其面积占比分别为 20.04%、17.47%、18.05%、21.24%和 23.21%（图 9-5）。

9.1.6 生物丰度指数

根据物种丰度指数将物种丰富度划分为五个等级，分别为极贫乏、贫乏、中度、丰富和极丰富，其面积占比分别为 41.647%、10.09%、14.24%、15.66%和 18.35%（图 9-6）。

9.1.7 叶面积指数

根据叶面积指数值的高低，将我国生态型区域划分为极低、低、中、高和极高五个等级，其面积占比为 40.73%、15.52%、14.49%、16.92%和 12.34%。期中叶面积指数极低和低值区域占整个重要生态功能区的 50%以上，与我国土壤侵蚀等级分布的特征匹配度较高（图 9-7）。

9.1.8 净第一性生产力

净第一性生产力（NPP）呈现明显的由东南向西北逐级递减的趋势，与我国三级阶梯的分布具有较好的吻合度。根据我国 NPP 分布的总体趋势，将全国重要生态功能区划分为五个等级，分别为 NPP 分布的极高、高、中、低和极低区域，其面积占比分别为 6.80%、7.92%、13.77%、27.17%和 44.34%，其中极低值区域分布面积最广（图 9-8）。

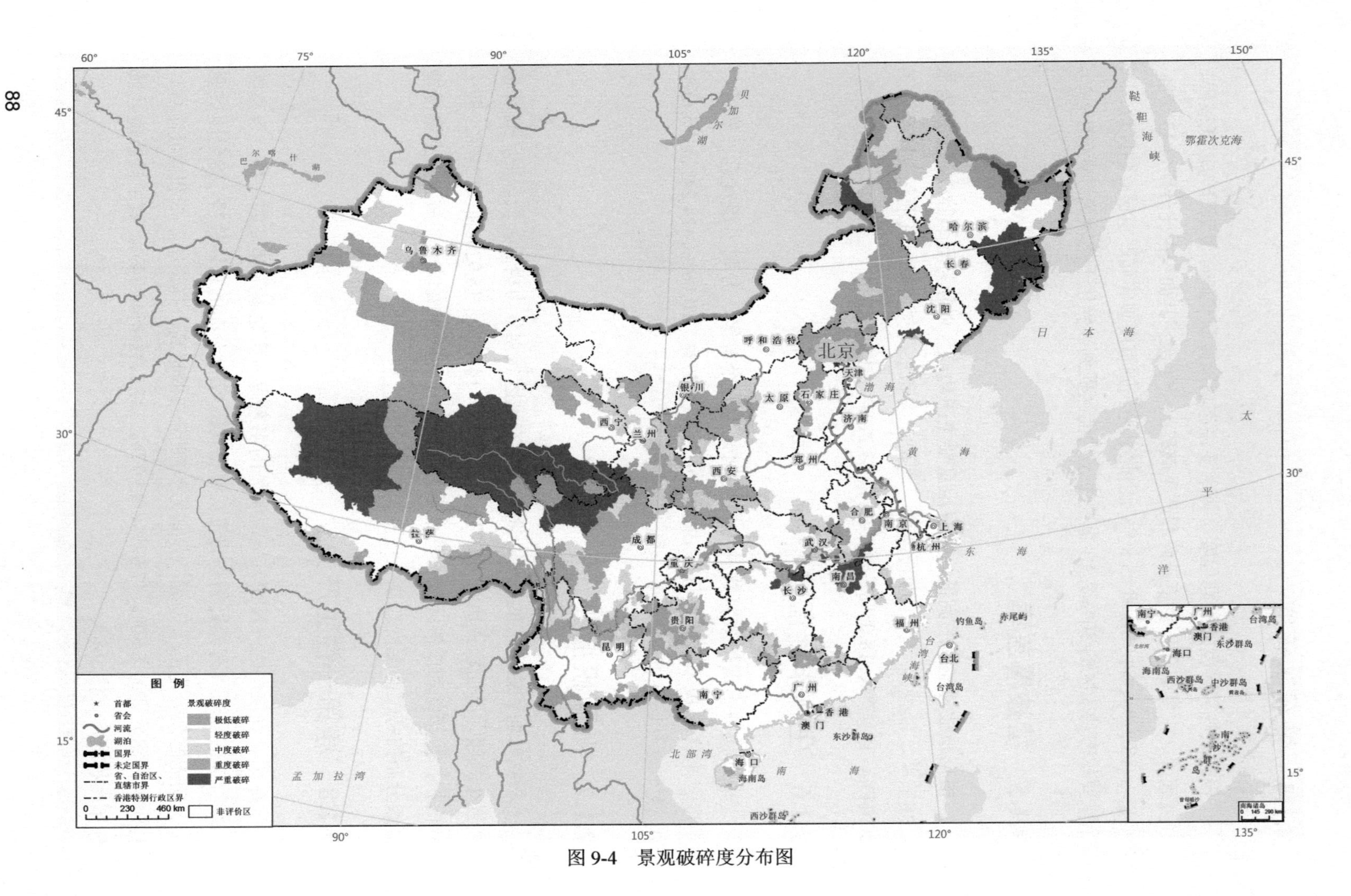

图 9-4　景观破碎度分布图

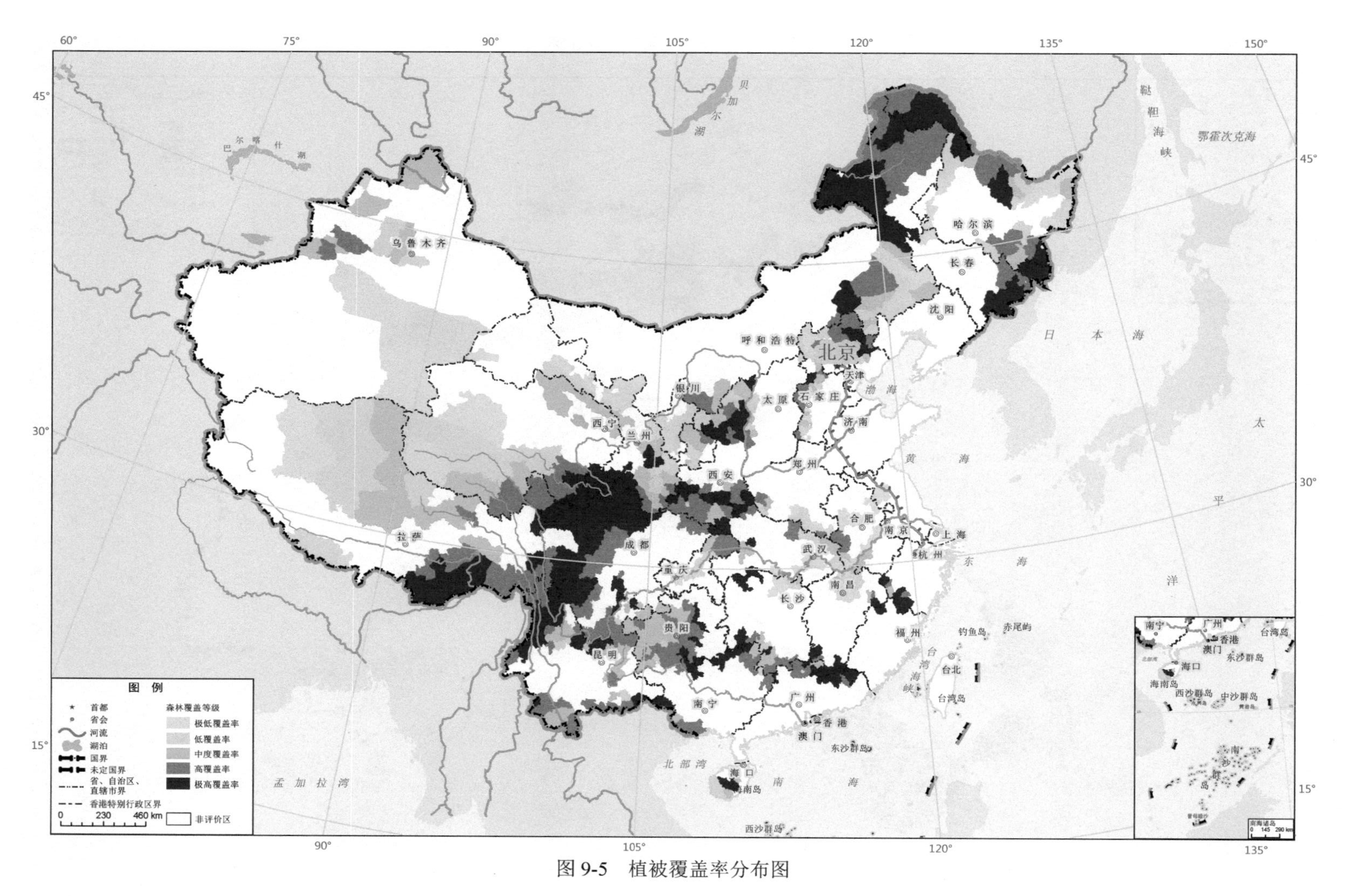

图 9-5 植被覆盖率分布图

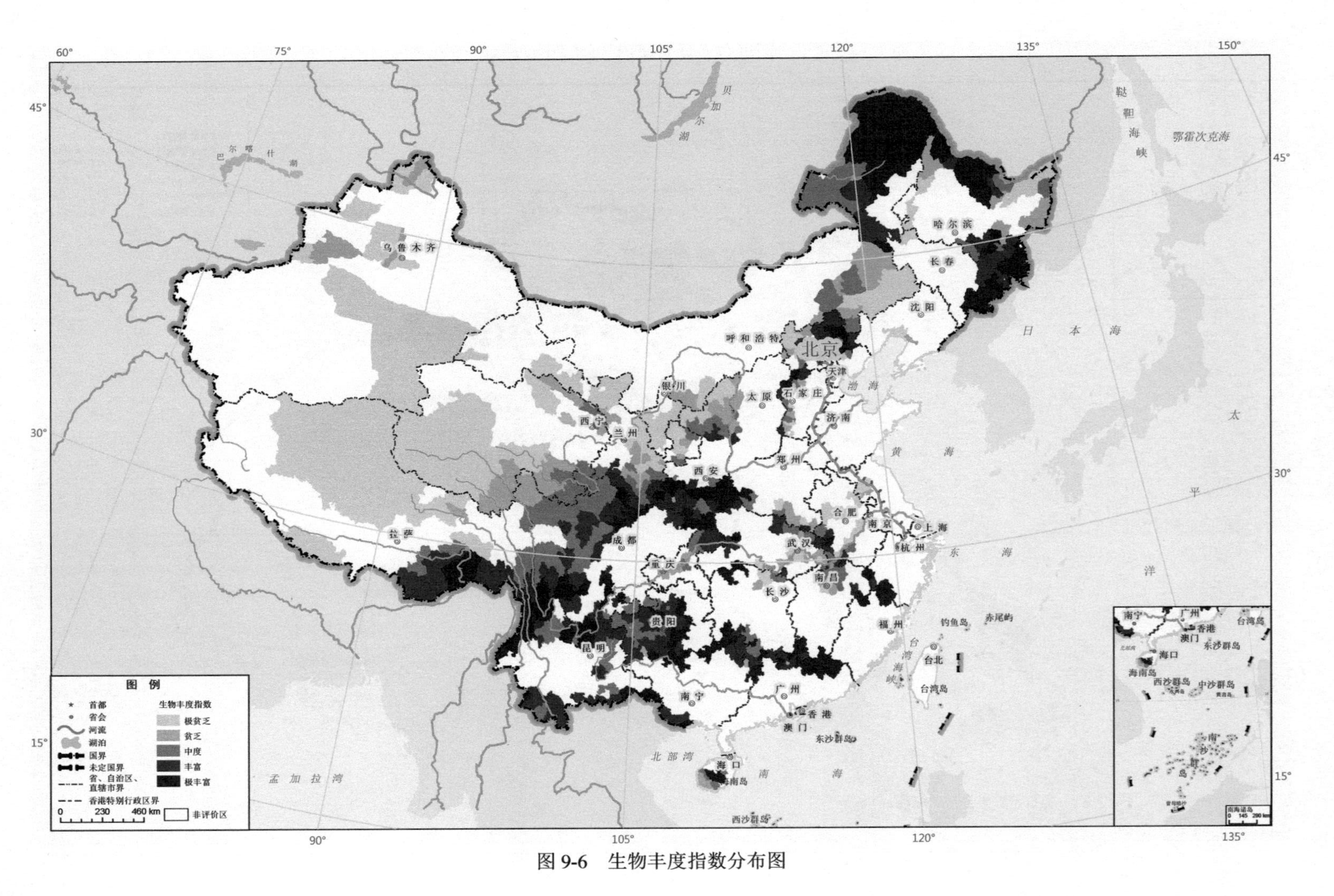

图 9-6 生物丰度指数分布图

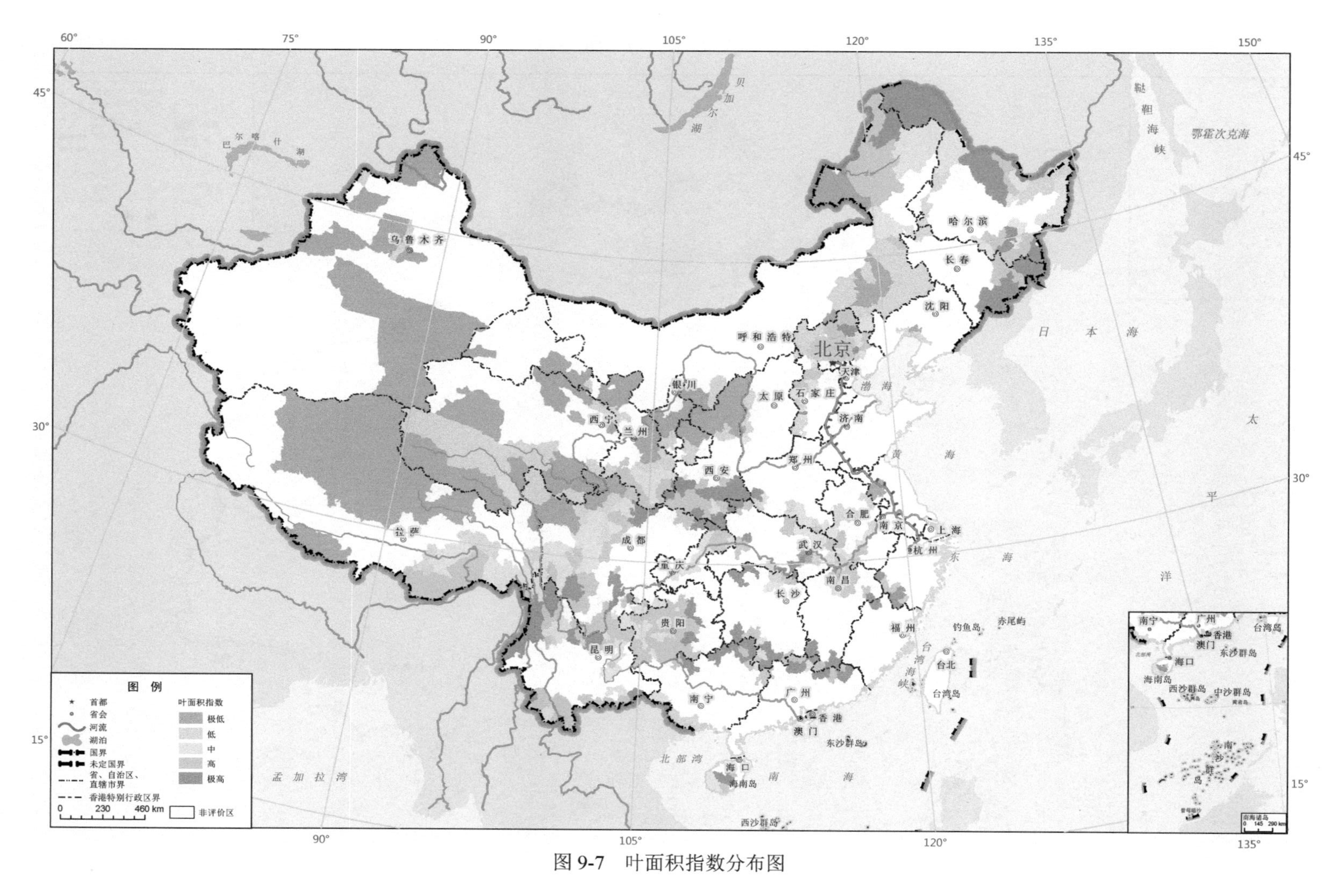

图 9-7 叶面积指数分布图

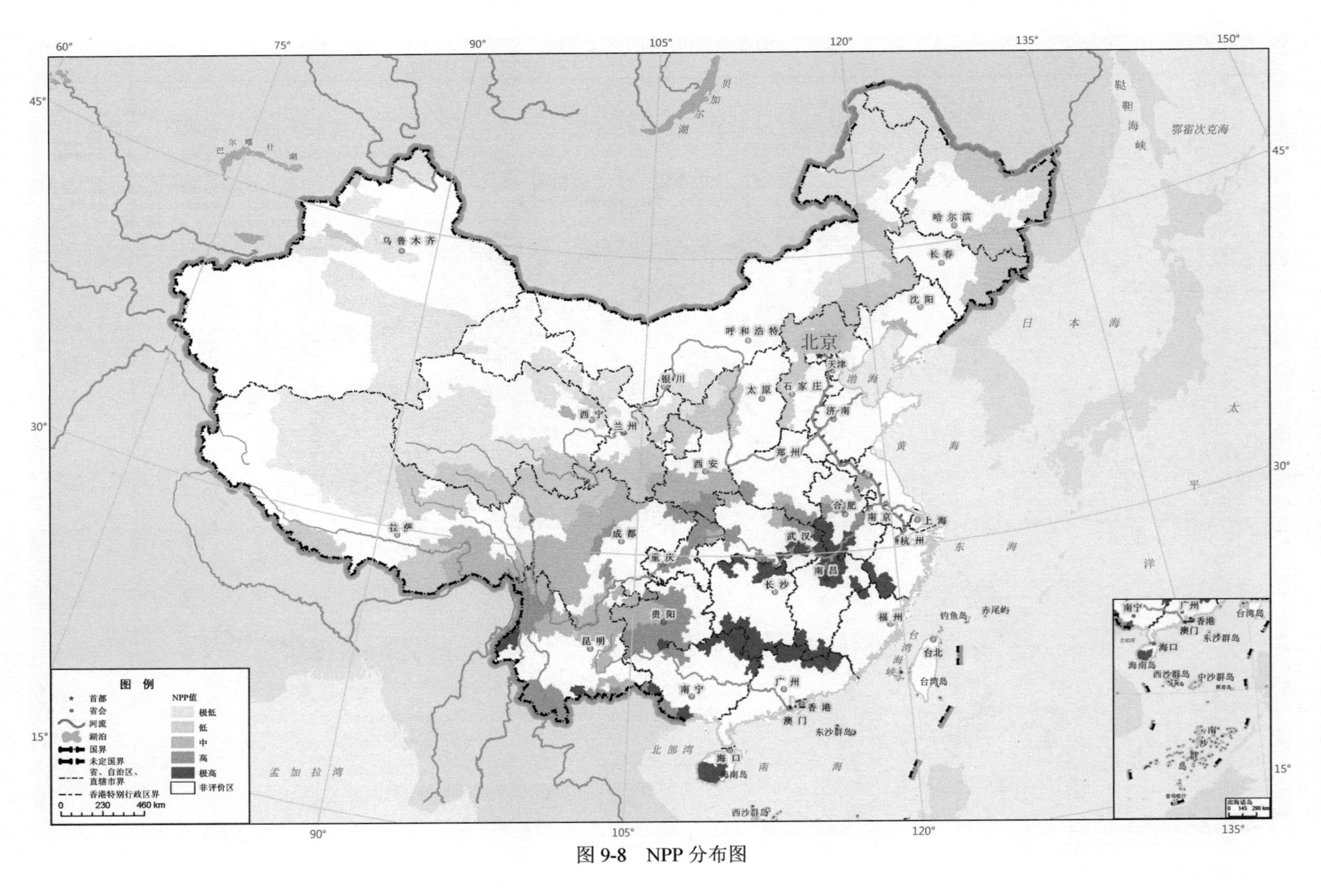
图例
首都
省会
河流
湖泊
国界
未定国界
省、自治区、直辖市界
香港特别行政区界
0 230 460 km
NPP值
极低
低
中
高
极高
非评价区
北京
天津
上海
南京
杭州
合肥
济南
石家庄
太原
郑州
呼和浩特
沈阳
长春
哈尔滨
武汉
南昌
长沙
福州
台北
广州
香港
澳门
海口
南宁
贵阳
昆明
成都
重庆
西安
兰州
西宁
银川
拉萨
乌鲁木齐
台湾岛
海南岛
钓鱼岛
赤尾屿
东沙群岛
西沙群岛
中沙群岛
日本海
黄海
东海
南海
渤海
台湾海峡
北部湾
孟加拉湾
太平洋
鄂霍次克海
鞑靼海峡
贝加尔湖
巴尔喀什湖
图 9-8 NPP 分布图

9.1.9 水源涵养量

根据水源涵养量的多少将全国重要生态功能区划分为很少、少、中、多和很多五个等级，其面积占比分别为 11.55%、12.35%、19.31%、25.95%和 30.84%。我国水源涵养量多和很多的区域占我国重要生态功能区的 50%以上，主要分布在三江源和大兴安岭等区域（图 9-9）。

9.1.10 固碳释氧量

根据固碳释氧量的不同，将重要生态功能区固碳释氧量划分为五个等级，即很少、少、中、多和很多五个等级，其面积占比分别为 7.80%、9.5%、10.99%、15.50%和 56.31%，固碳释氧量的分布除在东北和西北区域出现大范围的较高值分布区外，其余重要生态功能区的固碳释氧量多呈现相间分布（图 9-10）。

9.1.11 土壤侵蚀度

根据土壤侵蚀度的大小，将我国重要生态功能区土壤侵蚀划分为极低侵蚀、轻度侵蚀、中度侵蚀、重度侵蚀和严重侵蚀五个等级，其面积占比分别为 11.68%、25.41%、21.26%、24.57%和 17.08%，由此可见，我国土壤侵蚀问题较为突出，中度到严重侵蚀的区域占整个生态型区域的 60%以上（图 9-11）。

9.2 全国生态安全综合评价

9.2.1 全国生态安全综合评价结果

全国重要生态功能区生态支撑力范围为 0.084～0.523，采用自然间断法分为五个等级，根据支撑等级由低到高分别将其命名为低支撑、较低支撑、支撑、较高支撑和高支撑，各个等级的数值范围如图 9-12 所示，其中低支撑分布面积占整个重要生态功能区面积的 7.98%，涉及 47 个县市，主要分布在新疆、甘肃等沙漠周边地带，较低支撑区域面积比例为 24.20%，涉及 168 个县市，主要分布在我国

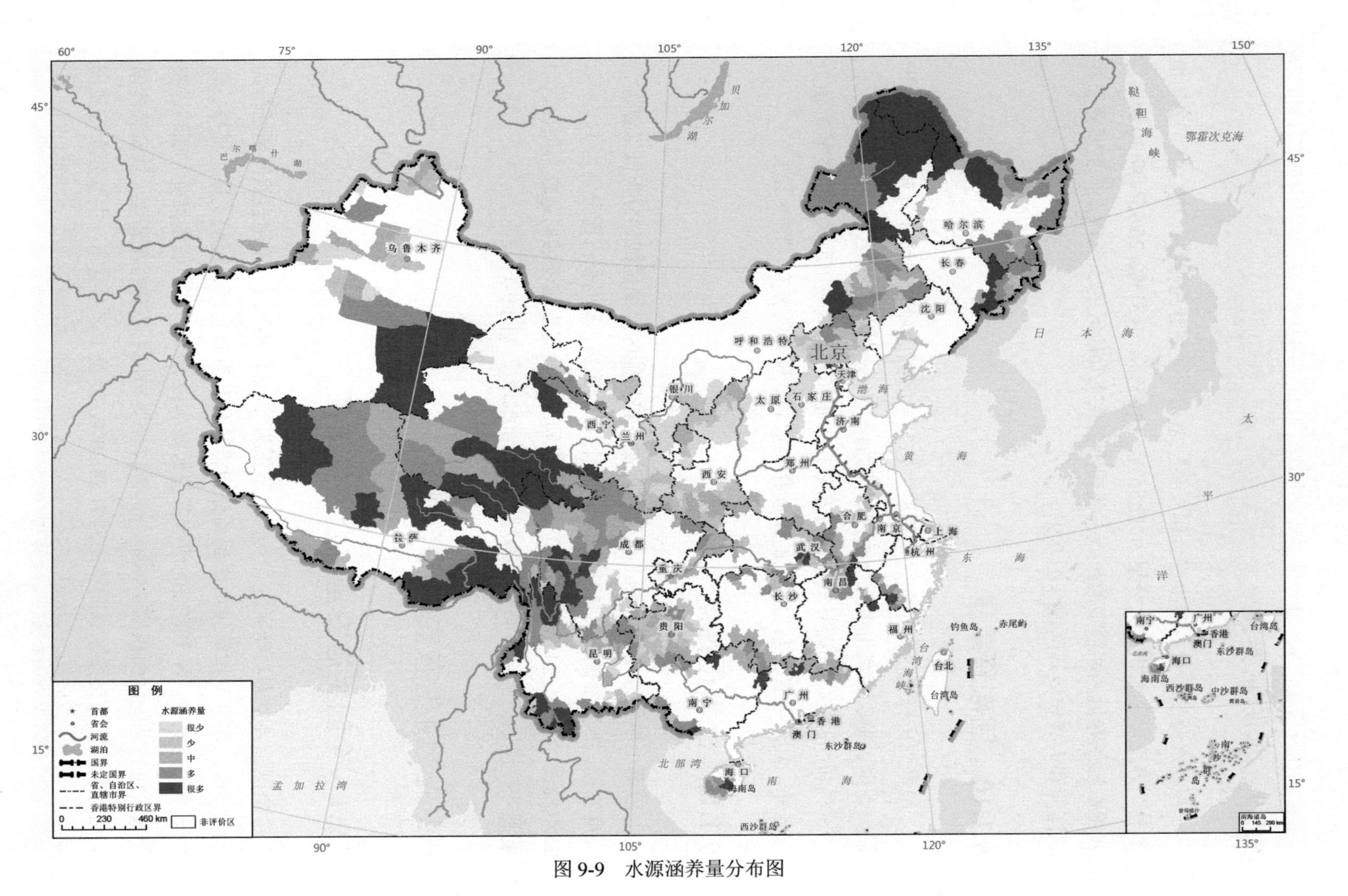

图 9-9 水源涵养量分布图

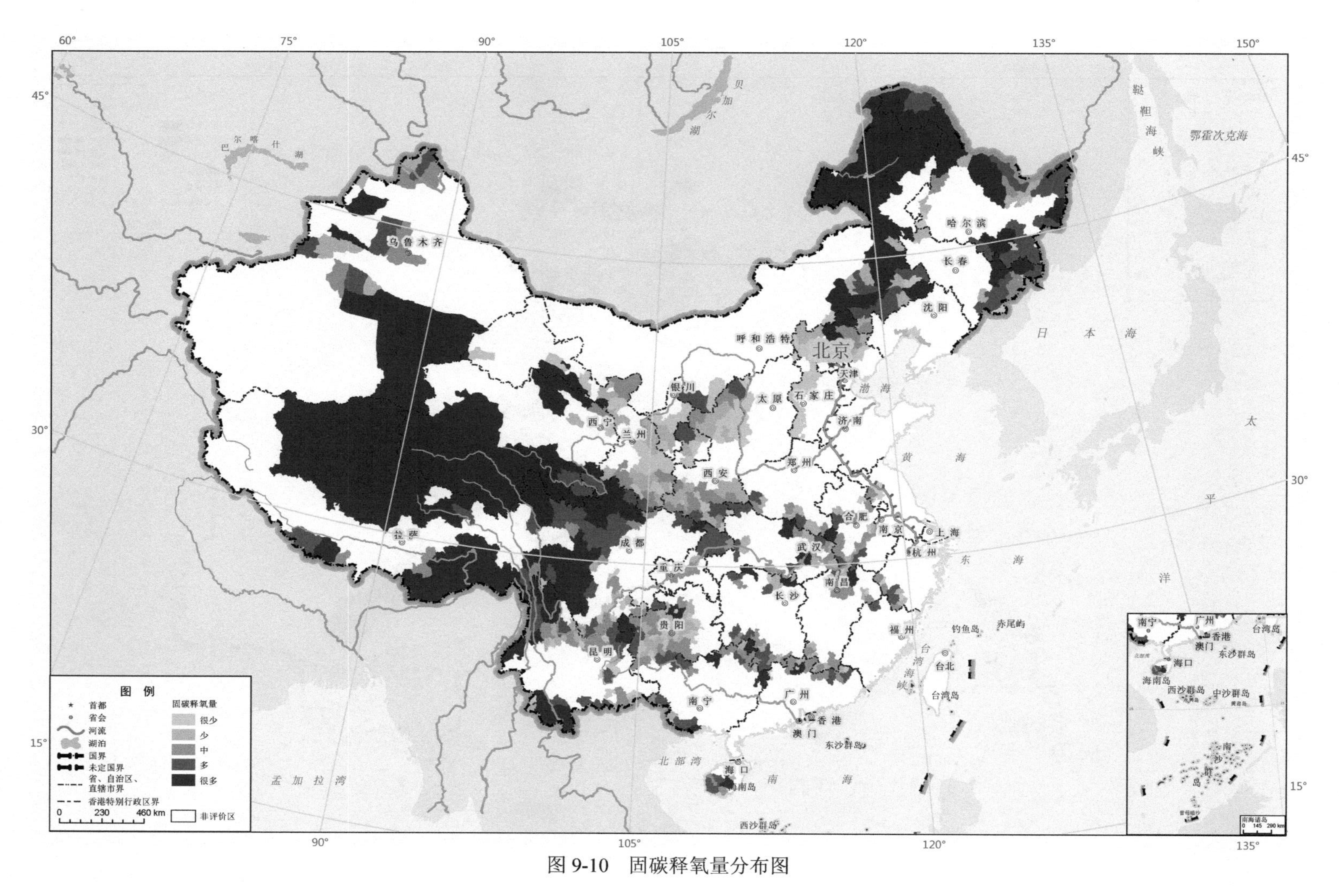

图 9-10　固碳释氧量分布图

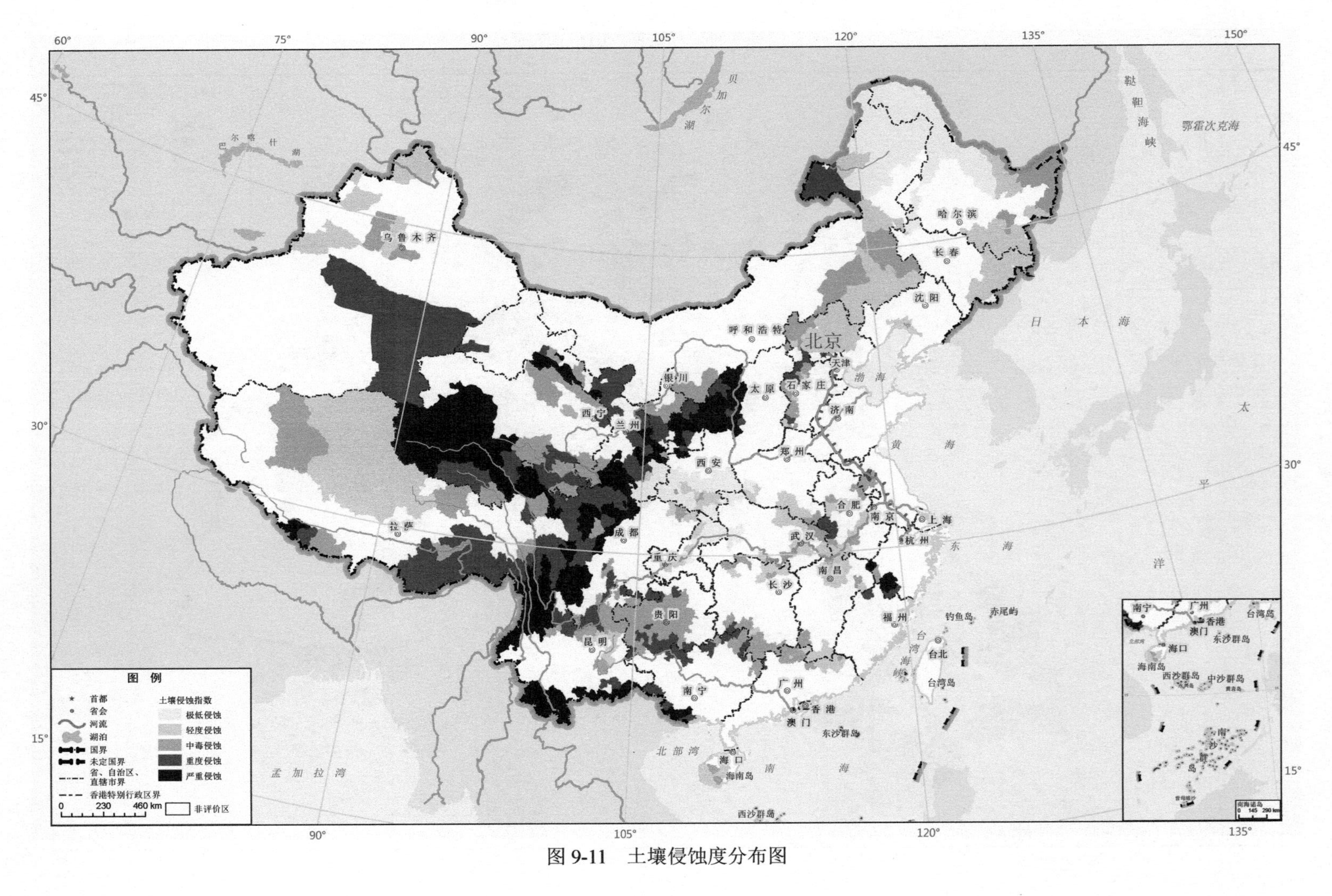

图 9-11　土壤侵蚀度分布图

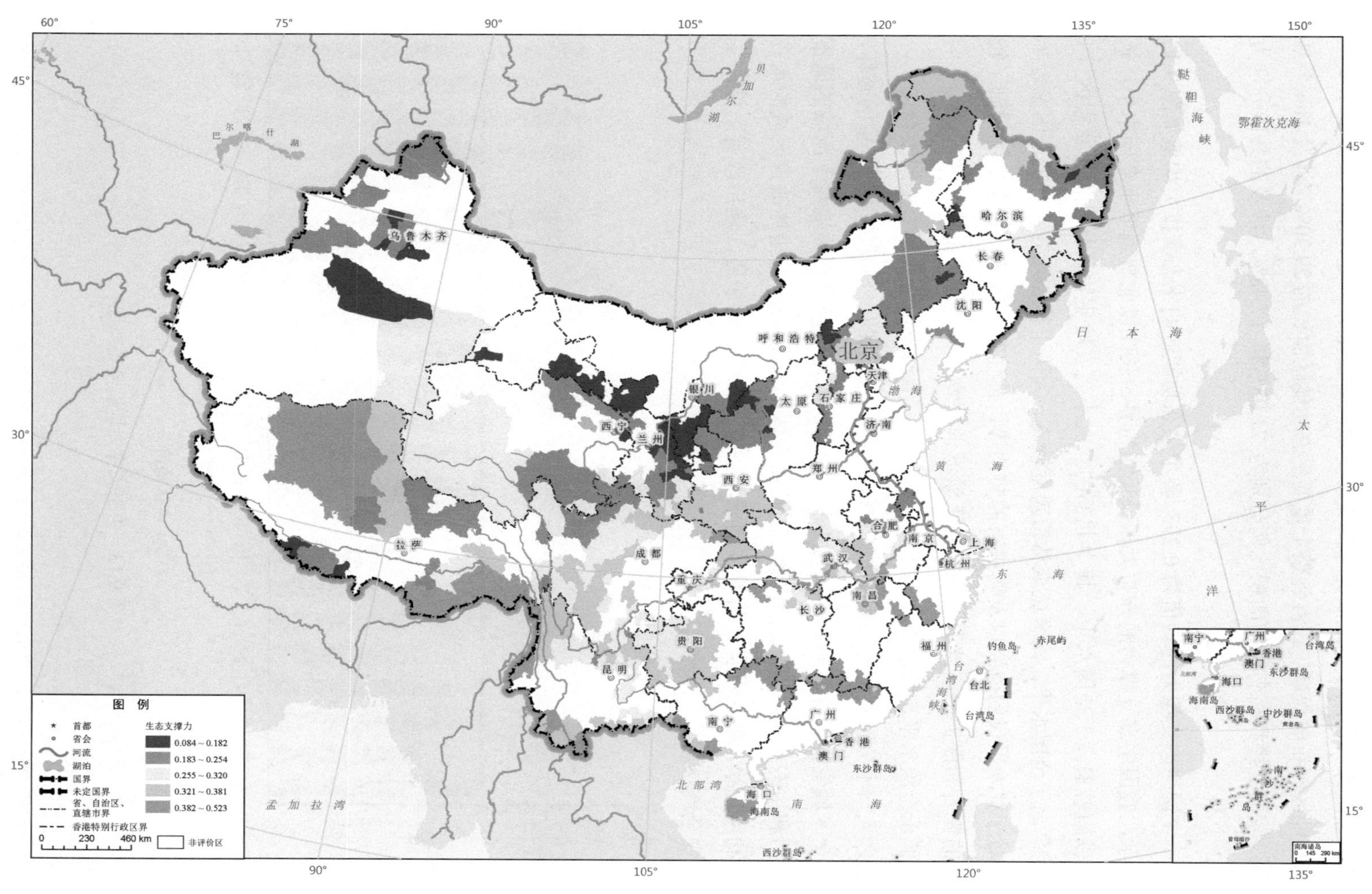

图 9-12　全国重要生态功能区生态支撑力分布图

第二级阶梯所在区域，是低支撑向支撑区域的过渡地带，处于支撑等级的重要生态功能区分布面积最广，占到整个重要生态功能区面积的29.30%，涉及166个县市，较高支撑和高支撑的面积比例分别为 21.03%和 17.48%，涉及的县市分别为172个和85个（图9-12）。

全国生态支撑力的均值为0.293，各个生态功能区的生态支撑力均值如图9-13所示，我国生态支撑力的分布大体以长江为界，长江以北普遍低于全国水平，长江以南普遍高于全国水平，其中北部的“大小兴安岭生物多样性保护重要区（1区）”高于全国水平，该区域森林覆盖度较高，人为干扰相对较少，加之国家近年来对于林木采伐的控制以及病虫害的防治等，都使得该区域的生态环境得到了较好的恢复和保护。南部的“淮河中下游湿地生物多样性保护重要区（19区）”明显低于全国水平，该区域人为干扰十分严重，淮河流域是我国重要的粮仓之一，加之人口十分密集，不合理的灌溉和蓄水使得该区域的湿地功能受到严重的破坏，对于区域生物多样性的保护极为不利，目前国家越来越重视湿地对于流域的调蓄作用和生态意义，并通过建立“三沟两田立体化调控系统”等措施改善区域的水资源利用现状，解决社会经济发展需求与生态需求之间的矛盾，逐步改善区域的生态安全现状。

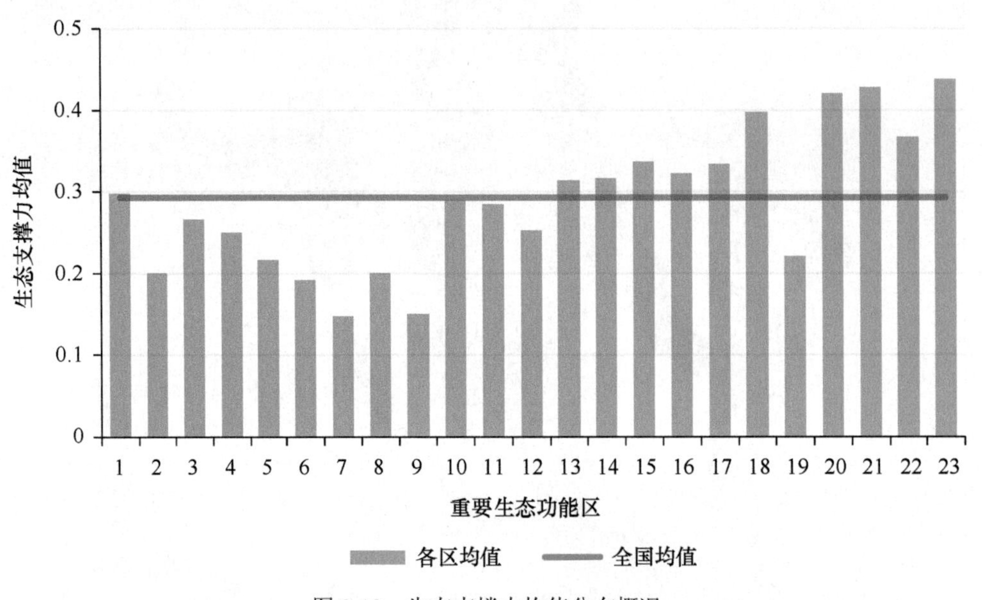

图9-13　生态支撑力均值分布概况

全国生态支撑力的低值区主要分布在黄河中上游以及锡林郭勒草原区，这两片区域均面临着土地荒漠化的风险，在我国生态安全格局整体架构中起着至关重要的作用，急需采取有效措施进行生态修复与保护，从而保障我国生态安全。

9.2.2 评价结果综合分析

全国尺度相关性分析如表 9-1 和表 9-2 所示，未显示明显相关性，根据主成分分析结果，将指标体系表征为四个主成分，四个主成分能够表征整个指标的82.9%，其中主成分一的主要影响指标为年均降水量、净第一性生产力和叶面积指数，主成分二的主要影响指标为固碳释氧量，其余两个主成分的主要影响指标表征不明显。

表 9-1 解释的总方差

成分	初始特征值			提取平方和载入		
	合计	方差/%	累积/%	合计	方差/%	累积/%
1	3.815	34.68	34.68	3.815	34.68	34.68
2	2.353	21.39	56.07	2.353	21.39	56.07
3	1.675	15.23	71.30	1.675	15.23	71.30
4	1.276	11.60	82.90	1.276	11.60	82.90
5	0.787	7.16	90.06			
6	0.428	3.89	93.95			
7	0.275	2.50	96.45			
8	0.203	1.84	98.30			
9	0.075	0.69	98.98			
10	0.063	0.57	99.56			
11	0.049	0.44	100.00			

注：提取方法为主成分分析。

表 9-2 成分矩阵

指标	成分			
	1	2	3	4
平均海拔	–0.390	0.551	0.392	0.295
年均降水量	0.856	–0.199	–0.228	0.289
年平均温度	0.781	–0.372	0.042	0.311
NPP	0.883	–0.226	–0.110	0.307
固碳释氧量	0.131	0.816	–0.438	0.207
水源涵养量	0.259	0.764	–0.469	0.235
土壤侵蚀度	–0.145	0.213	0.550	0.645
景观破碎度	–0.060	0.220	–0.558	–0.286
叶面积指数	0.834	0.123	0.158	–0.313
植被覆盖率	0.429	0.580	0.506	–0.309
生物丰度指数	0.744	0.354	0.387	–0.354

9.3 重要生态功能区生态安全现状评价

9.3.1 典型重要生态功能区评价范例

1. 研究区概况

豫鄂皖交界山地水源涵养重要区位于中国湖北省、河南省、安徽省交界处，区域总面积 18.11 万 km^2，包括湖北的随州市、广水市、大悟县、红安县、麻城市、罗田县、英山县、黄梅县；河南的泌阳县、桐柏县、确山县、信阳市、罗山县、光山县、新县、商城县；安徽的金寨县、霍山县、岳西县、太湖县、宿松县等 21 个县，其中禁止开发区面积 6.28 万 km^2，占整个区域面积的 29.69%。该区是大别山和桐柏山的所在地，其北部为淮河发源地，南部为长江的发源地，是长江、淮河的分水岭，因此是我国重要的水源涵养区之一，该区域分为重要生态区和重点保护区域。

本区是大别山和桐柏山的所在地，大别山地区在研究区所包括有大悟县、红安县、麻城市、罗田县、英山县、黄梅县、信阳市、罗山县、光山县、新县、商城县、金寨县、霍山县、岳西县、太湖县和宿松县等16个县（市），而桐柏山主要位于河南桐柏县及其周边县区，结合高程分布图可以看出本区地形起伏较大，全区海拔–194～2903 m，山区多，丘陵少，地形复杂，地貌类型多样，以山地、丘陵为主，海拔高度多在200～1000 m。

大别山位于中国安徽省、湖北省、河南省三省交界处，呈东南往西北走向，长270 km，一般海拔500～800 m，山地主要部分海拔1500 m左右，是长江与淮河的分水岭。大别山地质构造复杂，岩体破碎，造成基岩裸露，地势陡峻，25°以上的坡地面积占该区总面积的50%，因此大别山区的生态环境十分脆弱，生态系统稳定性极差，极易造成严重的水土流失。

桐柏山位于河南南部桐柏县境内，横亘于河南、湖北两省交界处，也是淮河与汉江水系的分水岭。整个山脉由低山和丘陵组成，海拔多在 400～800 m，最高峰太白顶海拔 1140 m。 桐柏山处于我国亚热带与暖温带的过渡带上，属亚热带季风型大陆性温湿气候，气候特点是四季分明，温暖湿润，雨热同季，适合各种植物生长发育。

本区是亚热带向暖温带、湿润气候向半湿润气候过渡带。自然条件较为优越，雨量充沛，气候温和。年平均温度15.6～16.7℃；年平均降水量1000～1700 mm，多集中在5～10月份，降雨强度大；干湿季明显，干燥度为0.7～0.8。

大别山处于秦岭—淮河线上，是我国一条最重要的自然地理分界线，属北亚热带温暖湿润季风气候区，气候温和，雨量充沛，日照充足，雨热同季，具有优越的山地气候和森林小气候特征，具备森林的气候优势。由于以上特点，大别山区年平均气温比附近的县市低，降水比附近的地区多。

豫鄂皖交界山地水源涵养重要区的西北部是桐柏山，该区是南北气候的过渡带，地处北亚热带和暖温带地区，气候温和，日照充足，降水丰沛。其气候特点为：其一，过渡性明显，差异性显著。我国划分暖温带和亚热带的地理分界线秦岭淮河一线，此线北属于暖温带半湿润半干旱地区，此线以南为亚热带湿润半湿润地区。其二，温暖适中，兼有南北之长。桐柏山气候温和，年平均气温约为15℃（采用桐柏县数据），冬冷夏炎，四季分明，具有冬长寒冷雨雪少，春短干旱风沙多，夏日炎热雨丰沛，秋季晴和日照足的特点。南北两个气候带的优点兼而有之，具有南北之长，有利于多种植物的生长。

根据本区土地利用现状情况，可以看出本区草原面积很小，湿地主要位于研究区南部，而森林与灌木面积较大，覆盖率较高，这主要是由于本区处于大别山—桐柏山区，同时重点保护区绝大部分也位于大别山与桐柏山地区，这两个地区森林覆盖率较高，生物多样性丰富，而森林又是实现水源涵养的关键，因此本区划为豫鄂皖交界山地水源涵养生态区也正与大别山—桐柏山的自然地理特征相符，因此研究本区主要生态问题，主要是结合大别山地区以及桐柏山地区的生态问题来进行分析。从本区土地利用类型构成看，面积大小依次为耕地>林地>草地>水域>聚居地，从土地利用类型看，水田、林地、旱地和灌木林 4 种土地利用类型所占面积相对较大。

本区成土母岩主要为片麻岩和花岗岩，所发育的土壤大多土层浅薄、含沙量高、抗侵蚀能力弱。土壤以黄棕壤和水稻土为主，土壤质量较好，具有明显的水平带和垂直带分布的特点。本区粗骨土、石质土主要分布在金寨、霍山、桐柏东北部、信阳市辖区南部，这两类土壤土层瘠薄、抗蚀能力差、涵养水源能力低、细粒物质极易被淋失，易形成地表径流，加之风力作用，土壤侵蚀敏感性较高。黄棕壤、黄褐土主要分布在商城、信阳市辖区北部、桐柏县中北部，土层较厚，质地黏重，易旱易涝，易发生土壤侵蚀。潮土、砂姜黑土、红色土主要分布于河流两侧及地势低平、低洼地带，土层深厚、抗冲抗蚀能力强。

大别山位于中原腹地，人口 2181 万，人口密度 367 人/km^2，其中绝大部分是农村人口，是我国著名的革命老区、贫困山区、落后山区。该区处在亚热带向温带的过渡地带。区内有 18 个国家级贫困县（区）。人均耕地面积 0.06 km^2，人均纯收入 1500～1700 元。

2. 生态环境现状分析

1）年均降水量

根据研究区内水文站年平均温度数据进行插值，得到研究区降水量分布，该研究区降水量水平较高，大部分地区年平均降水量为 1000～1600 mm，同时由于地形差异，各地气候差异明显，年均降水量呈现从东南到西北的递减趋势。

2）年平均温度

研究区大部分县市年平均温度主要分布在 15～17℃之间，东北部和西北部地区气温相对区域其他县市较低。

3）平均海拔

通过下载本区平均海拔数据得到本区的平均海拔分布，研究区海拔 51～647m，岳西县的海拔最高为 647m。

4）景观破碎度

霍山县、岳西县及宿松县、随州市、确山县等地区的景观破碎度高，大约在 1.19 以上，商城县、罗田县等地区的景观破碎度低，大约在 1.12，这主要与人类活动对这些地区造成的影响有关系。

5）植被覆盖率

金寨县、霍山县、岳西县、新县及随州市等地区植被覆盖率较高，基本上超过 70%，这些地区地处大别山以及桐柏山区，森林发育良好，保护力度也在加强，而在泌阳县、光山县、黄梅县等地区的植被覆盖率较低，最高也超不过 20%，与区域其他地区形成鲜明对比，这主要是由于这些地区人类活动对生态的干扰强烈，为了发展当地经济，不断地砍伐树木，城镇化速度过快，导致当地的植被覆盖率不断降低。

6）生物丰度指数

生物丰度指数分布显示随州市、新县、岳西县、霍山县以及英山县等地区的生物丰度指数高，而在光山县、泌阳县、黄梅县等地区的生物丰度指数较低，这种分布情况与本区植被覆盖率的分布大小呈对应关系，植被覆盖率相对较高的地方生物丰度相对较大，且都位于大别山和桐柏山区，由于山区森林景观保存完好，地处北亚热带和暖温带地区，气候温和，日照充足，降水丰沛，因此大别山及桐柏山区生物多样性极其丰富。

7）叶面积指数

随州市、新县、岳西县、霍山县及英山县等地区的叶面积指数高，这些地区的叶面积指数都大于 4.2；而在黄梅县、宿松县及光山县等地区的叶面积指数较低，叶面积指数都不超过 3。我们从其定义不难得出，叶面积指数的大小也同样与植被覆盖率高度一致。

8）净第一性生产力

本区净第一性生产力（NPP）呈现从北向南递增的趋势，南部位于大别山地区的县市的净第一性生产力普遍高于北部的县市。

9）水源涵养量

金寨县及随州市的水源涵养量最强，其中水源涵养量最大的随州市达到 1.96 km^3/a，而确山县、光山县及罗山县等地区的水源涵养量较低，这主要与当地森林减少的因素有关系。

10）固碳释氧量

随州市、金寨县以及麻城市等地区的固碳释氧量最强，固碳释氧量最强的地区是随州市，桐柏县、英山县、光山县及罗山县等地区的固碳释氧量较弱。

11）土壤侵蚀度

金寨县、霍山县及岳西县的土壤侵蚀是最严重的，土壤侵蚀度最高的金寨县达到 3.86，土壤侵蚀最轻的地区主要有确山县、光山县以及随州市，总体东部地区土壤侵蚀度较高。

土壤侵蚀受多种因素影响和制约，一部分因素与人类活动密切相关，如土地利用结构和水土保持措施，另一部分则与人类活动的关系不大，主要是自然力所控制的，反映了自然的作用过程，如气候、水文、地形、地貌、土壤。植被的分布则是自然因素和人类活动共同作用的产物，但一个区域的原生植被和植被的恢复能力则是由自然因素决定的。引起该地区土壤侵蚀的原因叙述如下。

（1）降雨。降雨是引发土壤侵蚀的动力条件之一，降雨侵蚀力是降雨物理特性的函数，故用其定量描述降雨对土壤侵蚀的影响。桐柏大别山区地处我国南北气候过渡带，受台风等天气系统的影响，雨量充沛且集中，侵蚀性降雨主要发生在 4～10 月。本区土壤侵蚀基本上呈从北部平原向南部山丘递增的规律。而随着降雨侵蚀力的增强，土壤侵蚀呈现出递增的趋势。

（2）土壤。土壤是被侵蚀的对象，与土壤类型、机械组成和有机质含量有关，而土壤类型分布与一定的地理条件和地貌特征密切相关，且由于土壤形成的母岩母质、成土作用方式及开发利用程度不同，其物理化学特性也不同。桐柏大别山区土壤侵蚀主要发生于粗骨土、石质土、黄棕壤等土壤类型，主要分布在金寨县、信阳市辖区、商城县、罗山县、新县等，这些地区多位于边缘山丘地区，土层薄、土质粗、有机质含量少，抗蚀性低，且所处地势高、地面坡度及地形起伏大，水流和风力作用强烈，加之人为不合理利用，导致土壤侵蚀较为严重。

（3）坡度。坡度是影响土壤侵蚀的重要因素，一定坡度范围内，同等条件下，随着坡度的增大，土壤侵蚀加剧。大别山地质构造复杂，岩体破碎，造成基岩裸露，地势陡峻，25°以上的坡地面积占该区总面积的 50%，因此大别山地区土壤侵蚀是本区最严重的地区。因此，对于坡度 25°以上的地区，严格执行退耕还林还草，加快林草植被恢复与重建，增强水土保持功能。

（4）植被覆盖。植被是抑制土壤侵蚀的主要因素，其抑制作用主要通过截留降雨和增加拦蓄水分实现。相关研究表明土壤侵蚀主要分布在 45%～75%的植被覆盖地区，其侵蚀面积占侵蚀总面积 80.15%。桐柏大别山区多为植被覆盖，但是几经破坏、恢复、再破坏、再恢复的过程，林种、林龄结构不合理，林种组成中以用材林和经济林为主，而具有保持水土、涵养水源、发挥生态效应的防护林地比例较少，林龄结构中中幼龄林面积过大，近熟林和成熟林较少，区域生态系统结构脆弱，生态功能正在日益衰减。

（5）土地利用。土地利用数量、质量、结构和方式的变化均可引起植被覆盖、坡度等变化，进而导致土壤侵蚀变化。桐柏大别山区土壤侵蚀主要来源于耕地、林地和草地，而城镇村及工矿交通用地、水域及水利设施用地和未利用土地没有土壤侵蚀发生，根本原因是缺乏土壤覆盖，无土壤可流失，但未利用土地依然是土壤侵蚀的潜在危害区。耕地以轻度为主，主要来源于坡耕地、新开荒地、休闲地和轮歇地。林地以轻度、中度为主，主要来源于经济林和疏林地，特别是经济林。

3. 生态支撑力评价

1）指标权重

根据熵权法，得到豫鄂皖交界山地水源涵养重要区的生态支撑力评价体系各指标的相对权重如表 9-3 所示。

表 9-3　豫鄂皖交界山地水源涵养重要区生态支撑力各指标权重及其排序

目标	准则层	指标层	权重	排序
生态支撑力	自然驱动指标	年均降水量	0.091	5
		年均温	0.066	7
		平均海拔	0.108	4
	生态结构指标	景观破碎度	0.059	9
		植被覆盖率	0.061	8
		生物丰度指数	0.049	10
		叶面积指数	0.040	11
	生态功能指标	净第一性生产力	0.074	6
		水源涵养量	0.157	1
		固碳释氧量	0.155	2
		土壤侵蚀度	0.141	3

2）生态支撑力评价结果

根据上述评价模型得到本区各县市的生态支撑力评价结果如表 9-4 所示，岳西县的生态支撑力最大，为 0.38，光山县和泌阳县的生态支撑力最小，为 0.26。

表 9-4　豫鄂皖交界山地水源涵养重要区生态支撑力评价结果

县域名称	行政编码	生态支撑力	排序
太湖县	340825	0.37	3
宿松县	340826	0.33	10
岳西县	340828	0.38	1
金寨县	341524	0.36	4
霍山县	341525	0.36	7
信阳市	411500	0.30	14
光山县	411522	0.26	20
商城县	411524	0.29	16
新县	411523	0.34	9
桐柏县	411330	0.29	17

续表

县域名称	行政编码	生态支撑力	排序
泌阳县	410882	0.26	21
确山县	411725	0.27	19
罗山县	411521	0.27	18
大悟县	420922	0.32	11
广水市	421381	0.30	13
红安县	421122	0.30	15
罗田县	421123	0.36	6
英山县	421124	0.36	5
随州市	421300	0.37	2
麻城市	421181	0.36	8
黄梅县	421127	0.31	12

3）生态支撑力评价结果分析

A. 主控因子识别与分析

应用 SPSS18.0，对评价体系中各指标和生态支撑力做相关性分析，结果如表 9-5 所示。从表中看出，与生态支撑力相关性最高的是固碳释氧量以及水源涵养量，由于研究区地处大别山桐柏山区，大部分土地利用类型是森林和灌木，林地最大的生态服务功能是水源涵养量，因此，区域水源涵养量以及很大程度上影响着区域生态支撑力的大小，生态支撑力与水源涵养量和固碳释氧量的线性拟合结果如图 9-14 和图 9-15 所示。

表 9-5　各指标与生态支撑力相关性分析结果

指标	Pearson 相关系数
生态支撑力	1
年均降水量	0.55
年平均温度	0.474
平均海拔	–0.373
景观破碎度	–0.104
植被覆盖率	0.619

续表

指标	Pearson 相关系数
生物丰度指数	0.67
叶面积指数	0.309
净第一性生产力	0.574
水源涵养量	0.849
固碳释氧量	0.737
土壤侵蚀度	–0.44

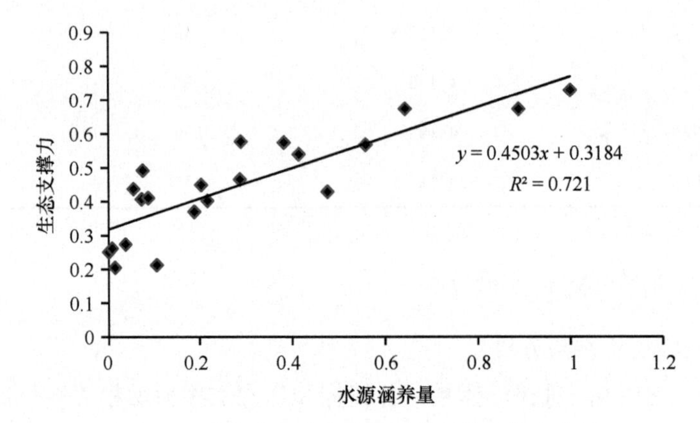

图 9-14　生态支撑力与水源涵养量线性拟合结果

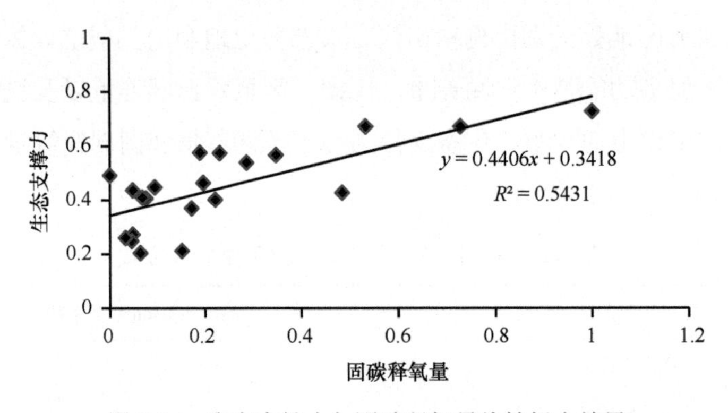

图 9-15　生态支撑力与固碳释氧量线性拟合结果

B. 生态支撑力区域差异分析

从图 9-16 中可以看出，生态支撑力高的地区主要分布在金寨县、岳西县、英山县、罗田县、太湖县等大别山地区和随州市等桐柏山区，这主要是因为这些地区森林覆盖率较高，生物多样性丰富，而森林又是实现水源涵养的关键，因此这些地区生态支撑力相对较高。而生态支撑力较低的地区包括光山县、泌阳县以及确山县等地区，主要是由于这些县市人口密度增加，耕地相对不足，部分山区粮食短缺，导致陡坡开荒、乱砍滥伐现象突出。

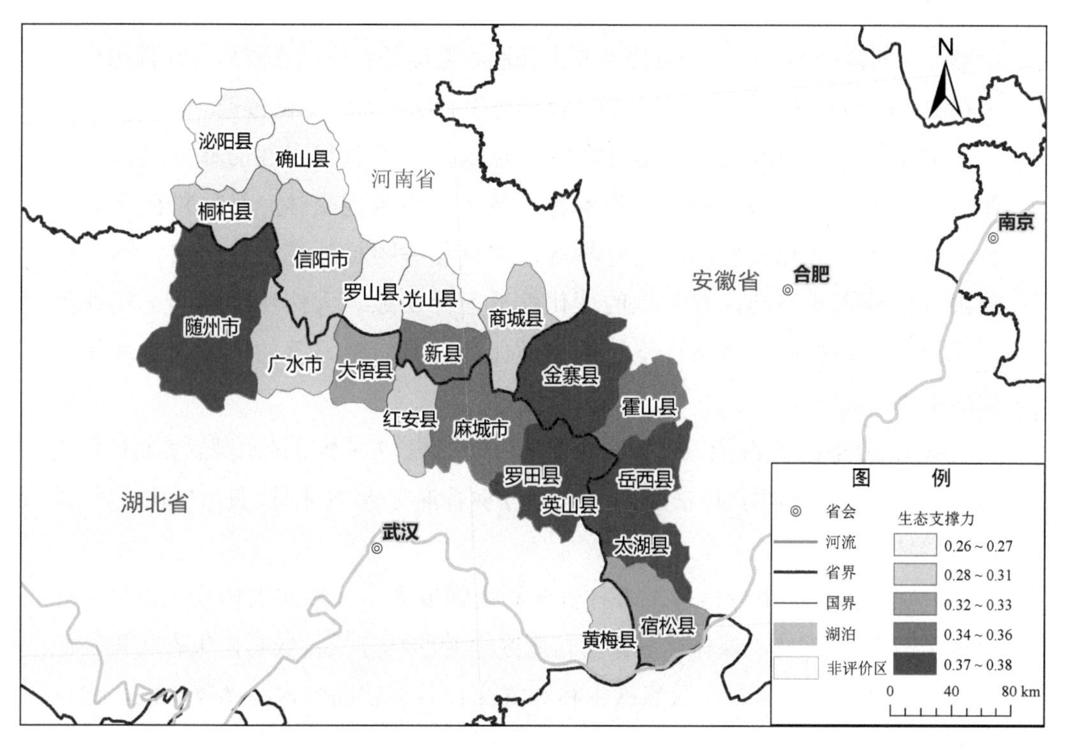

图 9-16　豫鄂皖交界山地水源涵养重要区生态支撑力评价结果

从图中可以看出支撑力评价结果由大到小是岳西县、金寨县、霍山县、随州市、麻城市、太湖县、罗田县、英山县、宿松县、新县、黄梅县、信阳市、商城县、红安县、广水市、大悟县、桐柏县、罗山县、光山县、泌阳县、确山县。

4. 区域生态保护对策建议

由于本区绝大部分位于大别山-桐柏山区，且主要生态因子为水源涵养，结合研究区区位图可以发现生态重点保护区也几乎位于大别山-桐柏山区等植被覆盖率较大的地区，通过以上分析可以看出本区划为豫鄂皖交界山地水源涵养生态区与大别山—桐柏山的自然地理特征相符，因此研究本区主要生态问题，主要是结合大别山地区及桐柏山地区的生态问题来进行分析。

1）大别山地区生态保护措施

A. 打造水源涵养林

鉴于涵养水源以及保持水土对大别山地区的重要性，因此我们有必要对大别山库区不同森林类型的土壤特性及其水源涵养性能等进行调查分析，这样可以为大别山库区的森林经营，特别是提高森林的生态防护效能提供依据。

根据大别山地区的自然地理状况，选取其中具有代表性的林分类型，主要包括黄山松林、马尾松林、杉木林、黄山松杉木混交林、马尾松枫香混交林、板栗林和天然次生落叶阔叶林等。根据相关指标计算可以得出：不同林分由于树种组成不同，其土壤的理化性质差异明显。天然次生林的土壤理化性质较好。在相同立地条件下，混交林比纯林具有更显著的改善土壤理化性质的能力。

从土壤的涵养水源能力来看，林分间差异显著。7 种林分的水源涵养功能依次为：天然次生林>杉木黄山松混交林>马尾松枫香混交林>杉木林>黄山松林>马尾松林>板栗林。

大别山区经济十分落后，森林资源利用强度大，天然次生林破坏殆尽，针叶林比例高达 70%，森林质量特别是库区上游的林分质量低劣，生态防护功能差。鉴于上述研究结果，天然次生林和混交林具有较高的水源涵养功能，建议在大别山库区的林业生态工程建设中，加强对天然次生林的保护；同时，大力营造混交林，在营造过程中，可采用降低造林密度，促其形成人工-天然复合型乔灌草混交林。另外，应加强对库区现有林的经营管理，有效地改造现有的低效针叶林，可通过适度间伐，引入阔叶树促其形成高效的针阔混交林，提高林分的生态防护功能。

B. 加强丘陵山区生态环境保护

在江淮丘陵地区实施以农田基本建设为中心的土地整治活动，控制水土流失，加强湿地保护，推进流域综合治理，重点建设巢湖重要水域功能区。建设以金寨、霍山、岳西 3 县为核心的皖西水源涵养功能区，加强生物多样性保护。推进皖西大别山区和江淮丘陵岗地区生态建设。

C. 加强水土流失综合治理

积极应用工程、生物、耕作等措施，综合治理水土流失，改善生态环境和生产条件。在大别山区实施土地综合整治，进行坡耕地治理、荒坡治理、疏林地治理、沟壑治理。在水土流失严重地区，以天然沟壑及其两侧山坡地形成的小流域为单元，实行全面规划、综合治理，建立水土流失综合防治体系。

D. 加强土壤侵蚀敏感区综合治理

针对本区域土壤侵蚀程度较为严重的现状，有必要从多个方面进行综合治理。土壤侵蚀强度是人类活动对地表作用的综合表现，是自然因子和人为因子综合作用的结果，反映土壤侵蚀的现状，是该地区土壤侵蚀敏感性因子和人为的不利影响超过生态环境的承载力所表现出来的结果。自然因素是土壤侵蚀发生、发展的潜在条件，而人类活动是主导因素，通过改变自然因子特性，导致土壤侵蚀发生、发展或使土壤侵蚀减弱。自然因子中，植被受人类活动的影响最大。因此，转变不合理的土地利用方式，加强坡耕地退耕还林和坡地经济林整治，加强植被的保护和重建是防治土壤侵蚀的关键环节，此外由于本区坡度25°以上的地区几乎占了一半面积，而坡度是影响土壤侵蚀的重要因素，因此，对于坡度 25°以上的地区，应严格执行退耕还林还草，加快林草植被恢复与重建，增强水土保持功能。

E. 因地制宜发展经济，使百姓尽快脱贫致富

贫困是生态环境破坏的又一根源，因此扶贫也是该区保障生态功能实现的又一重要任务。大力发展旅游业是该区域经济发展的首选，将生态旅游与红色旅游、农业旅游、地质旅游、古色旅游相结合，形成集旅游、文化、社会事业于一体的综合性旅游资源开发利用模式。

发展山区特色经济是该区发展的又一出路，该区山地面积大，高山、低山、丘陵、河谷盆地兼有，植被条件得天独厚，有利于珍稀动植物等特色产品的生长与繁衍，是一个生态系统相对完备、森林植被垂直分布、珍稀物种丰富的天然基因宝库。林、茶、桑、药等特色产品资源丰富。大别山区发展的特色农产品主要有霍山黄芽、六安瓜片、华山银毫、蚕桑、板栗、百合、茯苓、天麻等，另外还有皖西白鹅、黄牛以及水库鲴鱼、“万佛湖”鳙鱼等。对于这些市场潜力大的品种、项目要积极争取扶持，尽快做大做强，以优取胜。

2）桐柏山生态环境问题治理措施

A. 积极防治水土流失

水土流失导致水源涵养量减弱，自然水源减少，河流断流，水库蓄水能力下降，井泉枯竭，人畜饮水困难，为此，必须采取水土保持措施，水土保持措施分森草措施和工程措施。森草措施包括坚持乔木混交和乔灌草结合，积极加强果林、用材林和薪炭林及饲料林建设，封山育林育草。工程措施包括建水平沟、鱼鳞沟、水平梯田、沟头防护、谷坊坝、淤地坝、拦沙坝等。

B. 加强珍稀树种的就地保护和迁地保护

建立自然保护区是实现各种珍稀、濒危树种资源就地保护的有效途径。自1982年河南省政府批准在桐柏山建立省级自然保护区以来，桐柏县林业部门为桐柏山珍稀树种资源的保护做了大量工作。但随着经济发展和旅游开发的深入，珍稀树种的保护又面临新的挑战。今后在管理措施上要进一步加强对各种珍稀树种栖息地环境和现有资源的保护，要对珍稀树种分布集中的区域进行重点专类保护；在保护区的旅游线路、服务设施等的建设中，要尽量避免对自然生境的破坏；要加强营林措施和对脆弱种群的抚育管理，改善各珍稀树种的群落结构，增强其自然更新能力，并最终实现其就地保护。迁地保护也是保护珍稀树种的有效方式之一，迁地保护的方法主要有活体栽培、种子库、离体保存和 DNA 库等。其中，建立植物园是植物迁地保护的最主要方法。

3）区域工程整治措施

A. 进行土地整治规划

土地整治规划是土地利用总体规划的专项规划，能因地制宜调整各类用地布局，逐渐形成结构合理、功能互补的空间格局等，为土地利用与生态环境之间的关系指明方向。通过分析不同地区的主导型因子和不同地区的社会经济发展状况，划出重点生态功能保护区，该地区内应以生态主导功能为约束条件，因地制宜开展土地整治工程，同时，加大土地生态环境整治力度，因地制宜改善土地生态环境，促进环境友好型社会建设。

土地整治重点生态功能保护区有以下几种类型。

（1）江河源头区。长江和淮河支流上游属于江河源头区，其主导功能是保持和提高源头径流能力和水源涵养量，辅助功能主要是保护生物多样性和保持水土。

（2）江河洪水调蓄区。江河洪水调蓄区主要是指淮河及长江沿岸的湖泊等湿地，其主导功能是保持和提高自然的削减洪峰和蓄纳洪水能力，辅助功能是保护生物多样性、保护重要渔业水域和维护水体自然净化能力。

（3）重要水源涵养区。重要水源涵养区主要是指大别山区、桐柏山区的水源涵养服务功能重要分布区，主导功能是保持和提高水源涵养、径流补给和调节能力，辅助功能可根据生态功能保护区类型而定。对于天然的水源涵养区，辅助功能是保护生物多样性；对于人工水源涵养区，辅助功能是保持水土，维护水自然净化能力。

（4）防风固沙区。防风固沙区主要包括泌阳县、黄梅县、光山县、商城县及罗山县 5 个县（市），其主导功能是防风固沙，辅助功能是保护生物多样性和水果生产。

（5）水土保持区。水土保持区主要包括泌阳县、桐柏县、广水市、商城县以及金寨县等水土流失现状强度和潜在强度较大的地区，其主要生态功能是进行水土流失预防和重点监督。

B. 退耕还林工程

近年来国家和地区已投入了不少财力对大别山地区进行水土流失治理，虽然取得了一定成效，但远不能满足全面治理的需要；因此，结合退耕还林工程，充分利用自然力和生态系统的自我修复能力，促进区域生态系统的恢复和重建，从根本上改变大别山区的生态环境和山区经济，是可持续发展的必经之路。

（1）退耕还林的重点区域。退耕还林工程合理规模的确定应充分考虑地区的自然、经济条件和生态功能定位。

首先，要根据地区自然条件和土地利用状况，尤其是陡坡耕地面积及其比例，确定合理退耕还林规模。大别山区耕地面积所占比例极小，仅为 8.6%，结合表 9-6 可以看出其中坡度在 25°以上的耕地占 50%以上，特别是库区不仅耕地少，而且陡坡耕地占 60%以上，几乎全是低产田。退耕还林工程应将这些陡坡低产耕地规划为退耕之列，这是大别山区退耕还林工程的基本规模。

其次，要根据生态功能的布局确定退耕还林规模。由于大别山区分布着 7 大水库和淠史杭灌区，必须确保这些水利工程设施的长期安全运转。据此，大别山区的生态功能基本定位为水土保持和水源涵养，但也存在一定的地域分异性。大别山区是安徽第 2 大林业基地，其水源涵养、水文调蓄的生态功能对淮河太湖流域洪水调控，以及淠史杭灌区的高效安全运转具有重要作用，因此，在大别山库

表 9-6 大别山部分县地形坡度组成

县别	山丘区面积/km²	15°以下		16°～25°		25°以上		备注
		面积	占比/%	面积	占比/%	面积	占比/%	
六安	860.3	326	37.9	306.5	35.6	227.8	26.5	由于岳西县未量算，因而坡度 25°以上面积的比例偏小
舒城	1510.0	555	36.8	535.0	35.4	420.0	27.8	
霍山	2043.3	530	25.9	590.0	28.0	923.3	45.2	
金寨	3814.0	734	19.2	380.0	10.0	2700.0	70.8	
小计	8227.6	2145	26.0	1811.5	22.1	4271.1	51.9	

区还应考虑适当扩大退耕还林规模，可将 25°以上的陡坡耕地和 25°以下的低产坡耕地列入退耕范围。而在非库区，生态农业功能占据重要地位，是该地区粮食安全保障的基础，不应追求退耕还林规模，在保障生态农业主体功能的基础上，加强水土保持建设，建立林农复合经营体系。

（2）退耕还林的合理林种结构。退耕还林要因地制宜，根据工程区的自然生态条件，选择适宜的退耕树种、草种，充分发挥乡土树种在生态恢复中的作用，建立结构合理的乔灌草相结合的生态体系。考虑到大别山是重要的水源区，退耕还林工程应以生态林建设为主，但是，退耕还林还必须结合农业产业结构调整，充分考虑退耕后未来农民生存与发展问题，确定木本粮油、畜牧业相结合的粮食安全保障体系，围绕农民增收、山村经济发展，创新退耕还林经营模式。鉴于大别山区特殊的社会经济和自然特点，在保证生态建设为主体的前提下，应在退耕还林中适当增加生态经济林的比例（特别是非库区），规模发展能体现地区特色的经济林及其加工业，加速农民脱贫致富，促进大别山区社会经济可持续发展。

（3）退耕还林工程建设可持续发展模式。由于大别山区所处的特殊地位，在退耕还林工程中，应根据退耕还林工程区的立地条件，遵循生态、经济效益并重的原则，合理选用造林树种，并进行科学配置，积极推广优化栽培模式，以实现可持续发展的目标。

模式一，生态林栽培模式。大别山区是个极其重要的水源区，在区域社会经济发展中有着重要地位，因此，在退耕还林中，特别是 25°以上的坡耕地及水土流失严重的退耕地应以发展生态林（水源涵养和水土保持林）为主。

模式二，生态经济林栽培模式。该模式适用于交通方便，坡度 25°以下、土层较厚的阶梯式坡耕地，以营造经济林为主，兼顾生态效益，可供选择的树种有板栗、银杏、香椿、山核桃、杜仲、厚朴、毛竹、茶叶、桑、三桠等。

模式三，森林旅游经营模式。大别山区旅游资源十分丰富，随着基础设施建设不断加强和完善，基本具备了旅游开发的可行性。其旅游资源可分为山水自然风光型（如万佛湖万佛山）、森林公园型（如天堂寨、天柱山、遥落坪等）、历史纪念型（如革命旧址、烈士陵园等）和人工建造物（淠史杭灌区、各水库大坝等）等，生态旅游资源开发潜力巨大。因此，大别山区退耕还林工程应与生态旅游开发相结合，在已开发或待开发的景区及其周边地区，退耕还林中应适当安排观赏树木，尤其是观花、观果和彩叶树木，丰富景观；同时，在山村绿化美化建设的基础上，利用山村附近的退耕地，发展具有当地山村特色的花果园农家乐。

9.3.2 重要生态功能区生态安全现状综合评价结果分析

本书采取极差标准化方法将生态支撑力各个影响要素进行归一化，并求取全国和各个重要生态功能区的均值，令全国均值作为标准，将各个重要生态功能区的生态支撑力影响要素分布状态进行对比，结果如图 9-17 所示。全国生态支撑力影响要素均值分布曲线显示，全国重要生态功能区总体上景观破碎度较高，降水量、固碳释氧能力、水源涵养能力偏低。1 区生态支撑力总体较高，其固碳释氧能力、水源涵养能力明显高于全国水平，土壤侵蚀度小、景观破碎度低。

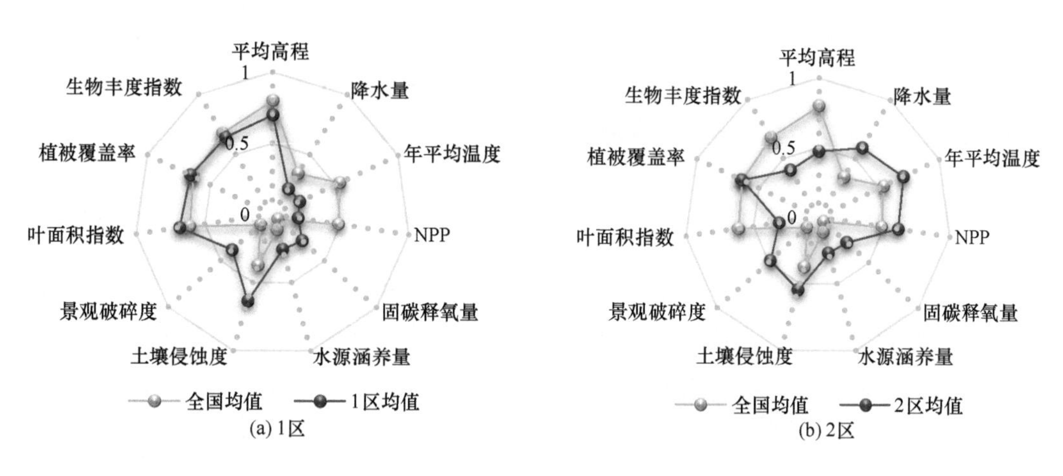

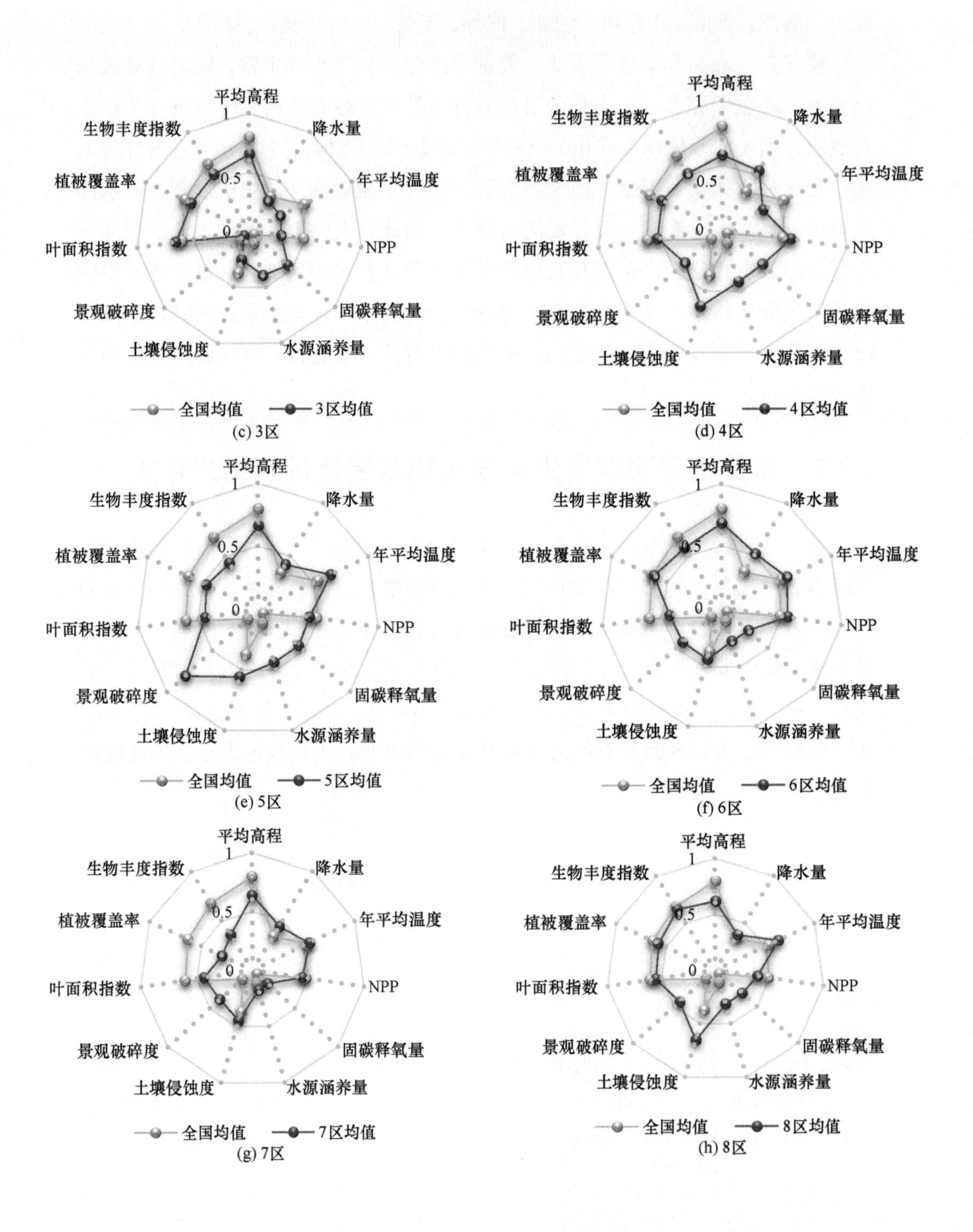

(c) 3区

(d) 4区

(e) 5区

(f) 6区

(g) 7区

(h) 8区

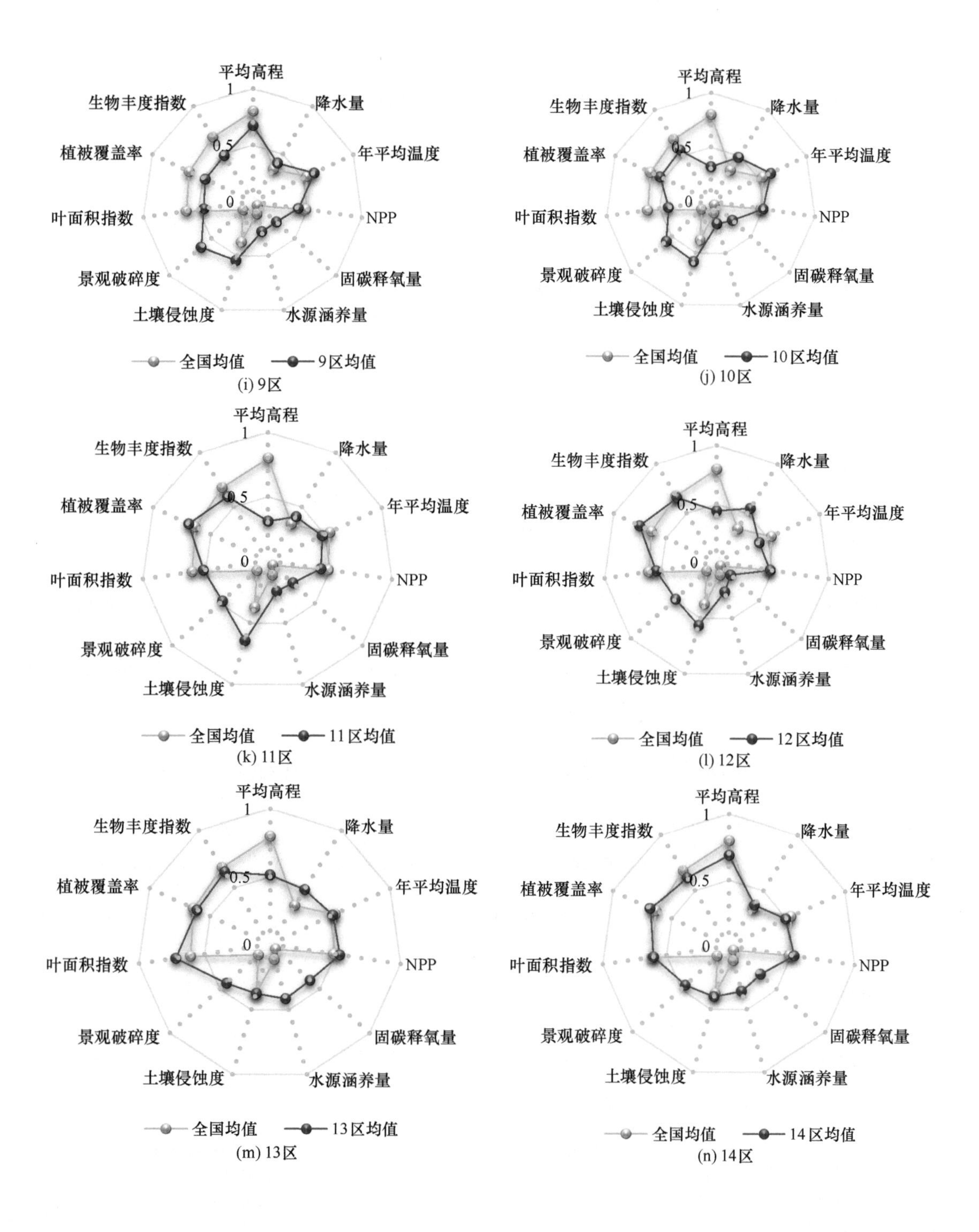

(i) 9区
(j) 10区
(k) 11区
(l) 12区
(m) 13区
(n) 14区

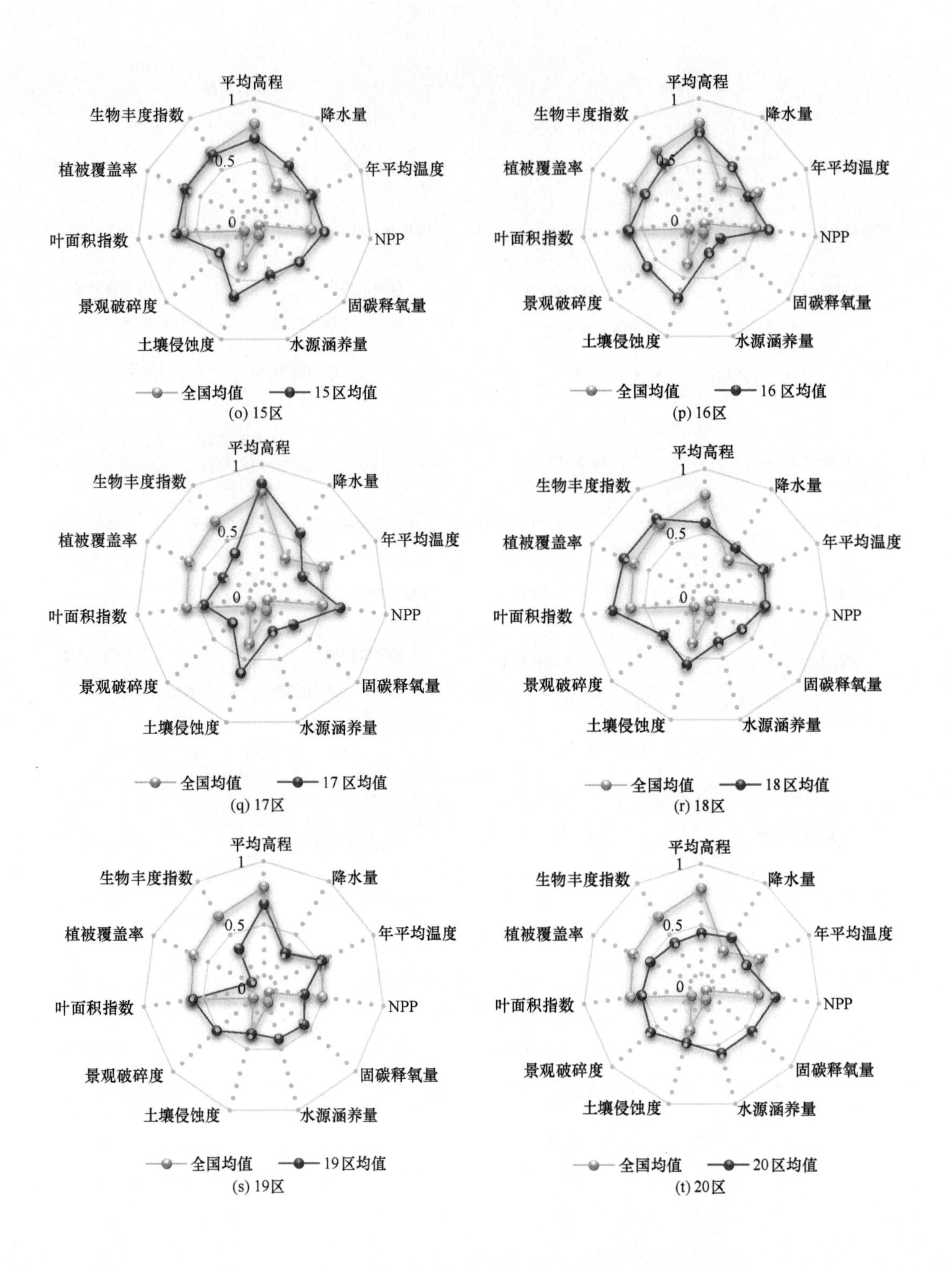

(o) 15区

(p) 16区

(q) 17区

(r) 18区

(s) 19区

(t) 20区

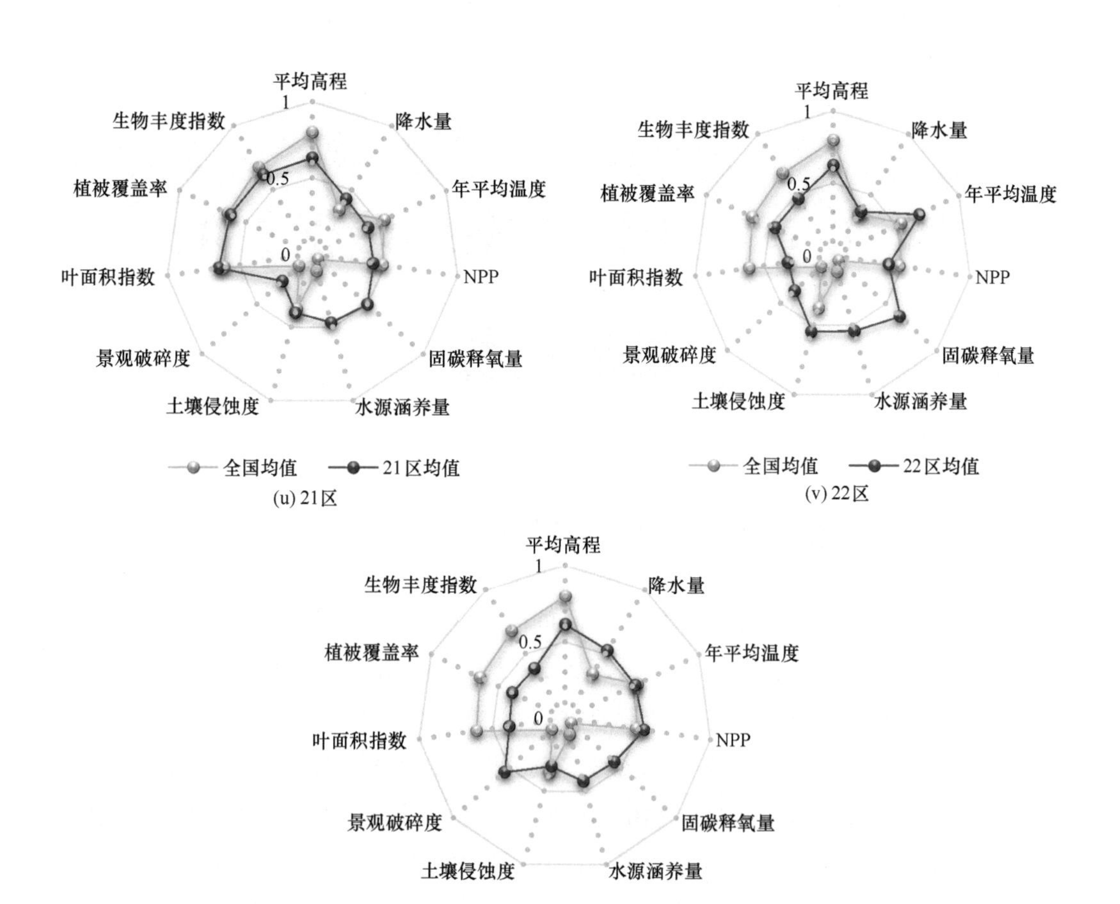

(w) 23区

图 9-17　生态支撑力分布对比图

第10章　中国生态环境保护的发展趋势

10.1　中国生态安全存在主要问题

由熵权法得出的生态支撑力值在区间[0，1]之间，无量纲。并通过聚类分析将相似性最大的数据分在同一级，差异型最大的数据分在不同级的自然间断点分级法，将全国重要生态功能区生态支撑力分为五个等级。区间在[0.08～0.18]的生态支撑力，为生态支撑力低等级。区间在[0.19～0.25]的生态支撑力，为生态支撑力较低等级。区间在[0.26～0.32]的生态支撑力，为生态支撑力中等级。区间在[0.33～0.38]的生态支撑力，为生态支撑力较高等级。区间在[0.39～0.52]的生态支撑力，为生态支撑力高等级。生态支撑力大致上在全国的中南部、西南部和东北部处于生态支撑力高和较高等级，而位于全国的西北部和华北部基本上处于生态支撑力低和较低等级。

将生态支撑力与平均海拔、年均降水量、年均温、NPP、固碳释氧量、水源涵养力、土壤侵蚀度、景观破碎度、叶面积指数、植被覆盖率和生物丰度指数进行 Pearson 相关分析，可知生态支撑力与年均降水量、NPP、叶面积指数和生物丰度指数有显著相关性，说明全国范围内生态支撑力的主控因子为年均降水量、NPP、叶面积指数和生物丰度指数。其中，年均降水量是生态系统类型的主要决定因素之一，多数数据表明热带森林生态系统对气候变化没有很强的自更新活力，尤其是应对降水减少和干旱增加的恢复能力相对较弱。而 NPP 与生态系统自更新力呈正相关还存在异议，但与生产力密切相关。叶面积指数和生物丰度指数都在一定程度上反映生物多样性，现阶段对生物多样性与自更新力之间关系也存在异议。所以，采用年均降水量来表征自更新力，NPP 表征生产力，生物丰度指数和叶面积指数表征生物多样性。因此，生态支撑力又分别从自更新力、生产力和生物多样性来描述。

在区间[0.08～0.18]范围内，生态支撑力低等级有西北防风固沙重要区的西北部、祁连山地水源涵养重要区北部、黄土高原水土保持重要区西北部、藏南生物多样性保护重要区西部和新疆北部水源涵养及生物多样性保护重要区中南部。

在区间[0.19～0.25]范围内，有新疆北部水源涵养及生物多样性保护重要区、祁连山地水源涵养重要区南部、黄土高原水土保持重要区、太行山山脉水土保持重要区、藏南生物多样性保护重要区西部、东北三省国界生物多样性保护重要区南部、淮河中下游湿地生物多样性保护重要区北部、内蒙古东部草原防风固沙重要区、青藏高原水源涵养重要区和川滇生物多样性保护重要区交界地。综上所述，生态支撑力低和较低等级主要是西北防风固沙重要区（7 区）的西北部、祁连山地水源涵养重要区（9 区）、黄土高原水土保持重要区（6 区）、新疆北部水源涵养及生物多样性保护重要区（8 区）、太行山山脉水土保持重要区（5 区）、内蒙古东部草原防风固沙重要区（2 区）、藏南生物多样性保护重要区（11 区）、青藏高原水源涵养重要区（12 区）和川滇生物多样性保护重要区（14 区）交界地。根据生态支撑力的主控因子可分析，西北防风固沙重要区的西北部的年均降水量、NPP 和生物丰度指数、植被覆盖率均处于低水平，说明该地区的自更新力弱、生产力低、生物多样性贫瘠；祁连山地水源涵养重要区的年均降水量、NPP 和生物丰度指数、植被覆盖率处于低水平，说明该地区的自更新力弱、生产力低、生物多样性贫瘠；黄土高原水土保持重要区的年均降水量在全国范围处于低水平，NPP 和生物丰度指数、植被覆盖率处于较低水平，说明该地区自更新力弱、生产力较低、生物多样性较贫瘠；新疆北部水源涵养及生物多样性保护重要区的年均降水量、NPP 和生物丰度指数、植被覆盖率处于低水平，说明该地区自更新力弱、生产力低、生物多样性贫瘠；太行山山脉水土保持重要区的年均降水量处于低水平，NPP 处于较低水平，生物丰度指数、植被覆盖率处于中低水平，说明该地区自更新力弱、生产力较低、生物多样性适中；内蒙古东部草原防风固沙重要区的年均降水量处于低水平，NPP 处于中低水平，生物丰度指数和植被覆盖率基本上处于中等水平，说明该地区自更新力弱、生产力较低和生物多样性适中；藏南生物多样性保护重要区的年均降水量、生物丰度指数和植被覆盖率处于低水平，NPP 处于较低水平，说明该地区自更新力低，生产力较低和生物多样性贫瘠；青藏高原水源涵养重要区和川滇生物多样性保护重要区交界地的年均降水量处于低水平，NPP处于较低水平，生物丰度指数和叶面积指数处于中低水平。说明该地区自更新力弱，生产力较低和生物多样性中低等。由此可见，生态支撑力低和较低地区的自更新力弱，生产力较低，生物多样性较贫瘠。

在[0.26～0.32]范围内，生态支撑力主要处于中等级。主要有西北防风固沙重要区东部、青藏高原水源涵养重要区、川滇生物多样性保护重要区中部、川贵滇水土保持重要区中部、豫鄂皖交界山地水源涵养重要区北部、内蒙古东部草原防风固沙重要区和华北水源涵养重要区交界处、大小兴安岭生物多样性保护重要区南部和东北三省国界生物多样性保护重要区中北部。西北防风固沙重要区（7区）东部的年均降水量、NPP、生物丰度指数和叶面积指数处于全国低水平，该地区的生态支撑力虽然处于全国中等水平，然而自更新力弱、生产力低和生物多样性贫瘠，说明该地区不仅自然资源较恶劣，还存在一些适量的人为活动；青藏高原水源涵养重要区（12区）的NPP处于中等水平、年均降水量处于低水平、生物丰度指数处于低水平、叶面积指数处于中等水平，青藏高原水源涵养重要区南部的自然情况比北部较优，总体来说青藏高原水源涵养重要区的自更新力弱、生产力低和生物多样性适中，叶面积指数较生物丰度指数要处于较高水平，说明该地区的植被多样性更丰富，其他生物的多样性因为海拔、年平均温度等生境因素而相对较少；川滇生物多样性保护重要区（14区）中部的NPP处于中等水平、年均降水量处于较低水平、生物丰度指数处于较高水平、叶面积指数处于中高等水平，说明该地区的自更新力较弱、生产力适中、生物多样性较丰富，因此该地区的生态系统的恢复力较弱，所以要在保护生态系统的稳定性的前提下，进行可持续发展；川贵滇水土保持重要区（13区）中部的年均降水量处于较低和中等水平、NPP处于高等水平、生物丰度指数和叶面积指数处于中高水平，说明该地区的自更新力适中、生产力强和生物多样性较丰富；豫鄂皖交界山地水源涵养重要区（16区）北部的年均降水量处于中等水平、NPP处于较高水平、生物丰度指数和叶面积指数处于中等水平，说明该地区的自更新力适中、生产力较高和生物多样性适中；内蒙古东部草原防风固沙重要区（2区）和华北水源涵养重要区（4区）的交界处的年均降水量处于低等水平、NPP处于中低等水平、生物丰度指数处于高等水平、叶面积指数处于较高和高等水平，说明该地区的自更新力弱、生产力适中和生物多样性丰富；大小兴安岭生物多样性保护重要区（1 区）南部的年均降水量处于低水平，生物丰度指数处于中高等水平、叶面积指数处于高等水平，该地区的自更新力弱，生产力弱和生物多样性丰富，该地区的生态系统的恢复力弱，有一定的人为活动导致生态支撑力处于中等水平，需要加以控制；东北三省国界生物多样性保护重要区（3 区）中北部的年均降水量处于低和较低水平、NPP 处于低水平、生物丰度指数处于中高等水平、叶面积指数处于高等水平，说明该地区的自更新力弱，生产力低和生物多样性较丰富。

在区间[0.33～0.38]范围内，有大小兴安岭生物多样性保护重要区的东北部、东北三省国界生物多样性保护重要区的南部、羌塘生物多样性保护重要区东部、秦巴山地水源涵养重要区、川滇生物多样性保护重要区南部、川贵滇水土保持重要区南部、豫鄂皖交界山地水源涵养重要区和长江中下游生物多样性保护重要区。在区间[0.39～0.52]范围内，生态支撑力高等级有大小兴安岭生物多样性保护重要区的东南部、羌塘生物多样性保护重要区西部、藏南生物多样性保护重要区东南部、南岭地区水源涵养重要区、浙闽皖交界山地生物多样性保护重要区、武陵山区生物多样性保护重要区和海南岛中部山地生物多样性保护重要区。生态支撑力较高和高等级的区域有大小兴安岭生物多样性保护重要区（1 区）、羌塘生物多样性保护重要区西部（10 区）、藏南生物多样性保护重要区（11 区）、南岭地区水源涵养重要区（18 区）、浙闽赣交界山地生物多样性保护重要区（21 区）、武陵山区生物多样性保护重要区（20 区）、海南岛中部山地生物多样性保护重要区（23 区）、秦巴山地水源涵养重要区（15 区）、川滇生物多样性保护重要区南部（14 区）、川贵滇水土保持重要区南部（13 区）、豫鄂皖交界山地水源涵养重要区（16 区）和长江中下游生物多样性保护重要区（17 区）。大小兴安岭生物多样性保护重要区的年均降水量和 NPP 处于低水平，生物丰度指数、植被覆盖率大部分处于高水平，说明该地区的自更新力弱、生产力低和生物多样性丰富；羌塘生物多样性保护重要区西部的年均降水量、NPP、生物丰度指数和叶面积指数处于低水平，说明该地区自更新力弱、生产力低和生物多样性贫瘠，结合该地区的限制因子可知，生态支撑力因固碳释氧量处于高和较高水平而高，说明该地区的生态支撑力虽然高，但脆弱性也很高，生态系统一旦破坏不容易恢复；藏南生物多样性保护重要区东部的年均降水量处于较低水平，NPP 处于中等水平，生物丰度指数和植被覆盖率大部分处于较高水平，说明该地区的自更新力较弱，生产力适中和生物多样性较丰富；南岭地区水源涵养重要区的年均降水量处于较高水平，NPP 处于高水平，生物丰度指数和植被覆盖率大部分处于高水平，说明该地区的自更新力较强、生产力高和生物多样性丰富；浙闽赣交界山地生物多样性保护重要区的年均降水量、NPP、生物丰度指数和植被覆盖率大部分处于高水平，说明该地区的自更新力强、生产力高和生物多样性丰富；武陵山区生物多样性保护重要区的年均降水量处于较高水平，NPP、生物丰度指数和植被覆盖率处于高水平，说明该地区的自更新力较强、生产力高和生物多样性丰富；海南岛中部山地生物多样性保护重要区的年均降水量和 NPP 处于高水平，生物丰度指数和叶面积指数处于较高和高水平。说明该地区的自更新力强、生产力高和生物多样性较丰富。秦巴山地水源涵养重要区的年均降水量、NPP、生物丰度指数和植被覆盖率基本上处于中等水平，说明该地区自更新力、生产力和生物多样性中等；川滇生物多样性保护重要区南部的年均降水量处于较低水平、NPP 处于中等水平、生物丰度指数和植被覆盖率处于较高水平，自更新力较低、生产力适中和生物多样性较丰富；川贵滇水土保持重要区南部的年均降水量处于中等水平、NPP、生物丰度指数与植被覆盖率处于较高水平，说明该地区自更新力适中、生产力较高和生物多样性较丰富；豫鄂皖交界山地水源涵养重要区的年均降水量处于较高水平、NPP 处于高水平、生物丰度指数和植被覆盖率处于中等水平，该地区自更新力较强、生产力高和生物多样性适中；长江中下游生物多样性保护重要区的年均降水量和 NPP 处于高水平，生物丰度指数和植被覆盖率处于中等水平，说明该地区自更新力强、生产力高和生物多样性适中。由此可见生态支撑力较高和高的地区大致分为三类情况，即自更新力弱地区，自更新力适中地区和自更新力强地区。自更新力弱地区有大小兴安岭生物多样性保护重要区、羌塘生物多样性保护重要区西部、藏南生物多样性保护重要区东部和川滇生物多样性保护重要区南部。这些地区虽然生态支撑力高，但是一旦破坏就很难恢复，所以需要设定保护区。自更新力适中地区有川贵滇水土保持重要区南部，说明该地区需要适度发展。自更新力强地区有南岭地区水源涵养重要区、武陵山区生物多样性保护重要区、海南岛中部山地生物多样性保护重要区和长江中下游生物多样性保护重要区，说明这些地区恢复力强，可持续发展社会经济。

10.2 中国生态环境保护对策建议

根据各个研究区的评价结果，将其汇总形成中国生态环境保护对策建议表（表10-1）。

表 10-1 中国生态环境保护对策建议表

编号	区域名称	类型	评价结果	对策建议
1	大小兴安岭生物多样性保护重要区	水源涵养、生物多样性保护	与生态支撑力相关性最高的是固碳释氧量，相关性最低的是土壤侵蚀度。生态支撑力大的地区主要分布在研究区中部，而生态支撑力小的地区主要分布在研究区的南侧	加大林区保护力度；控制人口数量，提高人口素质，进行生态移民；发挥绿色优势，发展绿色产业；建立林价制度，确立森林生态系统补偿机制；开发水能资源保护生物多样性
2	内蒙古东部草原防风固沙重要区	防风固沙	该区与支撑力显著相关的是固碳释氧量大小，其次是生物丰度和植被覆盖率。而水源涵养量对区域支撑力的影响最小	持续不断地推进生态防护林建设；通过优化畜种、畜群结构，发展高效畜牧业提高草原的生产能力，并减少对草原的人为破坏；保护湿地，保障湿地在草原生态系统中的作用
3	东北三省国界生物多样性保护重要区	水源涵养	DEM、年均降水量、固碳释氧量、生物丰度指数和叶面积指数与生态支撑力呈极显著相关。东北三省生态支撑力最大主要分布在南部，生态支撑力最小分布在北部	建立生态功能保护区，严禁乱砍滥伐，加强政府监督和管理，认真贯彻相关制度；加强生态环境监测；加强生态环境宣传教育，提高公众意识
4	华北水源涵养重要区	水源涵养区	与生态支撑力相关性密切的是降水量、生物丰度、水源涵养量。相关性较低的是土壤侵蚀度和景观破碎度。由于研究区是重要的水源涵养区，因此、区域降水量、水源涵养量因子更加影响了支撑力的高低	通过自然修复和人工抚育措施，建立防护林，减缓沙化速度；改变水库周边生产经营方式，发展生态农业，控制面源污染；上游地区加快产业结构的调整，控制污染行业，鼓励节水产业发展，严格水利设施的管理
5	太行山山脉水土保持重要区	水源涵养	与生态支撑力相关性最高的是土壤侵蚀度，相关性最低的是NPP。生态支撑力大的地区主要分布在区域北部	加快小流域工程建设，进行水土流失综合防治；实施保护天然林、草工程，恢复重建生态系统；加强自然保护建设，改善生态脆弱性；调整农业产业结构，提高生态系统生产力；加快城镇化进程，缓解农业生态压力；建立宣传和考核体系，提高水土保持意识

续表

编号	区域名称	类型	评价结果	对策建议
6	黄土高原水土保持重要区	水土保持	该区与生态支撑力相关性密切的是植被覆盖率。平均海拔与固碳释氧量呈负相关	创新人工植被建设的政策环境；进一步完善退耕还林（草）工程相关政策；出台“黄土高原土地特区”政策；适度加大财政扶持力度，加快贫困山区居民脱贫致富速度；完善建设淤地坝相关政策措施，尽可能降低工程的实施成本
7	西北防风固沙重要区	防风固沙	该区中与支撑力相关系数最高的是生物丰度与植被覆盖率，其次是水源涵养量及景观破碎度。该区处于沙漠边缘地带，植被覆盖率差异明显对植被覆盖率的要求很高。该地区干旱比较严重，生物多样性差异明显，因此也是主要控制因素	禁止在干旱和半干旱区发展高耗水产业；在出现江河断流的流域禁止新建引水和蓄水工程，合理利用水资源，保障生态用水，保护沙区湿地；发展草业，恢复生态植被；改变生产方式调整产业结构；进行生态封育修复
8	新疆北部水源涵养及生物多样性保护重要区	水源涵养、生物多样性保护	与支撑力相关系数最高的是生物丰度指数、水源涵养量及平均海拔，而相关性最低的是景观破碎度，由于此地人类活动影响较小，景观破碎度并未表现出与支撑力较大相关性	转变牧民观念，严格限制载畜量，推广科学放牧；优化资源配置，开发新的饲草料生产能力，充分利用农业饲养能力，改革农作制度，变单一种植业为农畜制；着重绿洲—荒漠过渡带的生态修复
9	祁连山地水源涵养重要区	水源涵养区	可以看出祁连山地区生态支撑力与研究区各县市降水量、生物丰度指数、水源涵养量相关性最高。与年平均温度、景观破碎度、土壤侵蚀度在 0.1 水平上呈负相关	识别多样性保护的关键区域，建立自然保护区，保护生物多样性；严防“沙化”问题；严控载畜量，发展人工草场
10	羌塘生物多样性保护重要区	生物多样性保护	羌塘生物多样性保护生态区生态支撑力与降水量、植被覆盖率、叶面积指数、NPP 在 0.01 水平上呈显著正相关；与平均海拔在 0.01 水平呈显著负相关	加大自然保护区建设与管理的力度；减少人为破坏，生态极脆弱区实施生态移民工程；草地退化严重区域退牧还草，划定轮牧区和禁牧区，适度发展高寒草原牧业
11	藏南生物多样性保护重要区	生物多样性保护	该区生态支撑力的主控因子为年平均温度、生物丰度指数、叶面积指数和植被覆盖率。区内由于地形起伏大，海拔高差大，导致气候多种多样。因此生态支撑力区域的差异比较大	实施整体保护战略，建设国家生态公园；加大现有自然生态系统保护的力度；加强生态环境敏感性地区退化生态环境恢复与重建工作；加快以林特生物产品为特色的食品与藏药业为基础的特色生态经济类型区建设

续表

编号	区域名称	类型	评价结果	对策建议
12	青藏高原水源涵养重要区	水源涵养	该区生态支撑力的主控因子为年平均温度、植被覆盖率和年降水量。位于青藏高原东南部的各县的生态支撑力普遍高于其他地区	采取多种植被恢复措施防止生态系统恶性演替，解决水量持续下降、治水土流失、雪线后退等关键问题；建立科学研究基地，促进当地社会经济发展和生态环境建设；加强鼠害治理，促进草场生态系统的恢复
13	川贵滇水土保持重要区	水土保持	与生态支撑力相关性最高的是NPP及年均降水量，由于研究区森林和灌木面积较大，因此，区域NPP及年均降水量很大程度上影响着区域生态支撑力的大小。生态支撑力高的地区主要分布东南地区，而生态支撑力较低的地区在西北地区	严格资源开发和建设项目的生态监管，控制人为干扰；全面实施保护天然林、退耕还林、退牧还草工程，严禁陡坡垦殖和过度放牧；开展石漠化区域和小流域综合治理，协调农村经济发展与生态保护的关系，恢复和重建退化植被
14	川滇生物多样性保护重要区	生物多样性保护	与生态支撑力极显著相关的指标有年均降水量、NPP、固碳释氧量、水源涵养总量、植被覆盖率、土壤侵蚀度、景观破碎度、叶面积指数，与支撑力呈现显著相关的指标有平均海拔	识别多样性保护的关键区域建立自然保护区，保护生物多样性；严防“沙化”问题；严控载畜量，发展人工草场
15	秦巴山地水源涵养重要区	水源涵养	与生态支撑力相关性最高的是区域的水源涵养量，相关性最低的是景观破碎度；叶面积指数、生物丰度指数、土壤侵蚀度和植被覆盖率在研究中呈现负相关	严格控制人口增长，提高人口素质，增强环保意识；进一步落实退耕还林政策；加快农村城镇化的进程，组织生态移民，加大扶贫力度；改善能源消费结构和调整产业结构，实现开发与保护并重
16	豫鄂皖交界山地水源涵养重要区	水源涵养	与生态支撑力相关性最高的是固碳释氧量以及水源涵养量。生态支撑力高的地区位于南部，而生态支撑力较低的地区位于北部	加强森林资源管理，加快森林植被建设；积极防治水土流失；因地制宜发展经济，使百姓尽快脱贫致富
17	长江中下游生物多样性保护重要区	生物多样性保护	该区支撑力的主控因子为叶面积指数、生物丰度和水源涵养量、第一性生产力和固碳释氧量。生态支撑力最大的分布主要分布在江西的北部，生态支撑力最小的分布在南部	加强生态恢复与生态建设，大力开展水土流失综合治理，采取造林与封育相结合的措施，提高森林水源涵养量，加强洪水调蓄生态功能区的建设，保护湖泊、湿地生态系统，退田还湖，平垸行洪，严禁围垦湖泊湿地，增加调蓄能力

续表

编号	区域名称	类型	评价结果	对策建议
18	南岭地区水源涵养重要区	水源涵养	与支撑力极显著相关的指标有平均海拔、年平均温度、水源涵养总量，与支撑力呈现显著相关的指标有降水量、植被覆盖率、叶面积指数	封山育林自然恢复，减少人为干扰；严防森林火灾、森林病虫害
19	淮河中下游湿地生物多样性保护重要区	生物多样性保护	与生态支撑力相关性最高的是NPP以及年均降水量，相关性最低的是生物丰度。生态支撑力高的地区主要分布在南部地区，而生态支撑力较低的地区分布在北部地区	加强洪水调蓄生态功能区的建设，保护湖泊、湿地生态系统，退田还湖，平垸行洪，严禁围垦湖泊湿地，增加调蓄能力；加强流域治理，恢复与保护上游植被，控制土壤侵蚀，减少湖泊、湿地萎缩；控制水污染，改善水环境
20	武陵山区生物多样性保护重要区	生物多样性保护区	与生态支撑力相关性最高的是景观破碎度，其次是NPP。相关性最低的是年平均温度。这与区域的热量充足，降水丰沛，地势平坦，且属于长江中下游平原地带，经济较为发达有很大的关系	加快小流域工程建设，进行水土流失综合防治；实施保护天然林、草工程，恢复重建生态系统；加强自然保护建设，改善生态脆弱性；调整农业产业结构，提高生态系统生产力；加快城镇化进程，缓解农业生态压力；建立宣传和考核体系，提高水土保持意识
21	浙闽赣交界山地生物多样性保护重要区	水土保持	与生态支撑力相关性最高的是年降水量，相关性最低的是平均海拔，而叶面积指数与生态支撑力呈现较弱的负相关，其他几个指标诸如年平均温度和NPP等与支撑力也呈现不错的相关性	创新人工植被建设的政策环境；进一步完善退耕还林（草）工程相关政策；出台“黄土高原土地特区”政策；适度加大财政扶持力度，加快贫困山区居民脱贫致富速度；完善建设淤地坝相关政策措施，尽可能降低工程的实施成本
22	桂西南生物多样性保护重要区	生物多样性保护	与生态支撑力相关性最高的是水源涵养量，相关性最低的是景观破碎度	全面开展区域生物多样性编目和保护信息系统的建立；保护好现有的自然生态系统，促进地方经济繁荣，提高当地人民的生活水平，促进生态小城镇的建设；加强环境保护宣传教育，提高公民意识
23	海南岛中部山地生物多样性保护重要区	生物多样性保护	与生态支撑力相关性最高的是生物丰度，相关性最低的是NPP。生态支撑力大的地区主要分布于研究区东北部	建立中部山区生态补偿机制和生态保护考核机制；推进天然林资源保护及退耕还林等生态工程建设；促进中部山区和海南岛沿海地区的横向区域经济技术协作

参考文献

蔡崇玺, 陈燕. 2010. 生态安全的研究进展与展望. 环境科学与管理, 35(2): 126~129.

蔡佳亮, 殷贺, 黄艺. 2010. 生态功能区划理论研究进展. 生态学报, 30(11): 3018~3027.

蔡俊煌. 2015. 国内外生态安全研究进程与展望——基于国家总体安全观与生态文明建设背景. 中共福建省委党校学报, (2): 104~110.

蔡守秋. 2001. 论环境安全问题. 安全与环境学报, (5): 28~32.

陈朝晖, 朱江, 徐兴奎. 2004. 利用归一化植被指数研究植被分类、面积估算和不确定性分析的进展. 气候与环境研究, (4): 687~696.

陈灌春, 方振东. 2002. 国家生态环境安全——巴西亚马逊的启示. 重庆环境科学, (6): 9~10.

陈星, 周成虎. 2005. 生态安全: 国内外研究综述. 地理科学进展, (6): 8~20.

程漱兰, 陈焱. 1999. 高度重视国家生态安全战略. 生态经济, (5): 9~11.

迟妍妍, 饶胜, 陆军. 2010. 重要生态功能区生态安全评价方法初探——以沙漠化防治区为例. 资源科学, (5): 804~809.

戴全厚, 刘国彬, 田均良, 等. 2006. 侵蚀环境小流域生态经济系统健康定量评价. 生态学报, 26(7): 2219~2228.

党宏媛. 2013. 区域生态系统服务功能形成机理及评价研究. 河北师范大学硕士学位论文.

傅伯杰, 刘国华, 陈利顶, 等. 2001. 中国生态区划方案. 生态学报, (1): 1~6.

傅伯杰, 周国逸, 白永飞, 等. 2009. 中国主要陆地生态系统服务功能与生态安全. 地球科学进展, (6): 571~576.

宫学栋. 1999. 实现环境安全的重要性及几点建议. 环境保护, (9): 32~34.

龚健, 刘耀林, 朱国华, 等. 2006. 基于系统动力学和多目标规划整合模型的土地利用总体规划方案研究. 地域研究与开发, 25(1): 93~96.

关文彬, 谢春华, 马克明, 等. 2003. 景观生态恢复与重建是区域生态安全格局构建的关键途径. 生态学报, (1): 64~73.

郭沛源. 2003. 警惕国际贸易危及生态安全. 环境保护, (2): 41~44.

郭中伟. 2001. 建设国家生态安全预警系统与维护体系——面对严重的生态危机的对策. 科技导报, (1): 54~56.

郭中伟, 甘雅玲. 2003. 关于生态系统服务功能的几个科学问题. 生物多样性, (1): 63~69.

韩文权, 常禹, 胡远满, 等. 2005. 景观格局优化研究进展. 生态学杂志, (12): 1487~1492.

何念鹏, 周道玮, 吴泠, 等. 2001. 人为干扰强度对村级景观破碎度的影响. 应用生态学报, (6): 897~899.

和春兰, 饶辉, 赵筱青. 2010. 中国生态安全评价研究进展. 云南地理环境研究, (3): 104~110.

胡秀芳, 赵军, 查书平, 等. 2015. 生态安全研究的主题漂移与趋势分析. 生态学报, (21):

6934-6946.
桓曼曼. 2001. 生态系统服务功能及其价值综述. 生态经济, (12): 41~43.
贾庆堂, 龚斌, 张林波, 等. 2012. 基于 NPP 模型的西藏工布地区固碳释氧能力分析. 安徽农业科学, (1): 357~359.
贾士荣. 1999. 转基因作物的安全性争论及其对策. 生物技术通报, (6): 1~7.
孔红梅, 赵景柱, 马克明, 等. 2002. 生态系统健康评价方法初探. 应用生态学报, (4): 486~490.
莱斯特 · R · 布朗. 1984. 建设一个持续发展的社会. 北京: 科学技术文献出版社.
李海防, 范志伟, 颜培栋, 等. 2011. 不同年龄马尾松人工林水源涵养能力比较研究. 福建林学院学报, (4): 320~323.
李晶, 蒙吉军, 毛熙彦. 2013. 基于最小累积阻力模型的农牧交错带土地利用生态安全格局构建——以鄂尔多斯市准格尔旗为例. 北京大学学报(自然科学版), 49(4): 707~715.
李小燕, 马彩虹. 2009. 基于不同方法的区域生态安全动态分析与评价. 喀什师范学院学报, (3): 99~102.
李笑春, 陈智, 王哲, 等. 2005. 可持续发展的生态安全观——以浑善达克沙地为例. 自然辩证法研究, (1): 17~20.
李志刚, 刘晓春. 2002. 中国的生态安全问题. 生态经济, (8): 10~13.
李中才, 刘林德, 孙玉峰, 等. 2010. 基于 PSR 方法的区域生态安全评价. 生态学报, (23): 6495~6503.
梁友嘉, 徐中民, 钟方雷. 2011. 基于SD和CLUE-S模型的张掖市甘州区土地利用情景分析. 地理研究, 30(3): 564~576.
刘国华, 傅伯杰. 1998. 生态区划的原则及其特征. 环境科学进展, (6): 68~73.
刘红, 田萍萍, 张兴卫. 2006a. 我国生态安全研究述评. 国土与自然资源研究, (1): 57~59.
刘红, 王慧, 张兴卫. 2006b. 生态安全评价研究述评. 生态学杂志, (1): 74~78.
刘吉平, 吕宪国, 杨青, 等. 2009. 三江平原东北部湿地生态安全格局设计. 生态学报, 29(3): 1083~1090.
刘璐璐, 邵全琴, 刘纪远, 等. 2013. 琼江河流域森林生态系统水源涵养能力估算. 生态环境学报, (3): 451~457.
刘沛林. 2000. 从长江水灾看国家生态安全体系建设的重要性. 北京大学学报(哲学社会科学版), (2): 29~37.
刘士余, 左长清, 孟菁玲. 2004. 水土保持与国家生态安全. 中国水土保持科学, (1): 102~105.
刘孝富, 舒俭民, 张林波. 2010. 最小累积阻力模型在城市土地生态适宜性评价中的应用——以厦门为例. 生态学报, 20(2): 421~428.
刘洋, 蒙吉军, 朱利凯. 2010. 区域生态安全格局研究进展. 生态学报, 30(24): 6980~6989.
卢宏玮, 曾光明, 谢更新, 等. 2003. 洞庭湖流域区域生态风险评价. 生态学报, (12): 2520~2530.
马克明, 傅伯杰, 黎晓亚, 等. 2004. 区域生态安全格局: 概念与理论基础. 生态学报, (4): 761~768.

毛小苓, 倪晋仁. 2005. 生态风险评价研究述评. 北京大学学报(自然科学版), (4): 646~654.
欧阳志云, 郑华. 2014. 生态安全战略. 北京: 学习出版社; 海口: 海南出版社.
庞雅颂, 王琳. 2014. 区域生态安全评价方法综述. 中国人口. 资源与环境, (S1): 340~344.
彭建, 党威雄, 刘焱序, 等. 2015. 景观生态风险评价研究进展与展望. 地理学报, (4): 664~677.
彭建, 王仰麟, 吴健生, 等. 2007. 区域生态系统健康评价——研究方法与进展. 生态学报, (11): 4877~4885.
彭少麟, 郝艳茹, 陆宏芳, 等. 2004. 生态安全的涵义与尺度. 中山大学学报(自然科学版), (6): 27~31.
秦伟, 朱清科, 张学霞, 等. 2006. 植被覆盖度及其测算方法研究进展. 西北农林科技大学学报(自然科学版), 34(9): 163~170.
曲格平. 2002. 关注生态安全之一: 生态环境问题已经成为国家安全的热门话题. 环境保护, (5): 3~5.
世界环境与发展委员会. 1997. 我们共同的未来. 吉林: 吉林人民出版社.
司今, 韩鹏, 赵春龙. 2011. 森林水源涵养价值核算方法评述与实例研究. 自然资源学报, (12): 2100~2109.
孙洪波, 杨桂山, 苏伟忠, 等. 2009. 生态风险评价研究进展. 生态学杂志, (2): 335~341.
汤泽生, 苏智先. 2002. 发展生物技术重视生态安全. 西华师范大学学报(自然科学版), 23(3): 292~295.
唐先武. 2002. 关注中国的生态安全. 沿海环境, (5): 12~13.
涂小松, 濮励杰, 严祥, 等. 2009. 土地资源优化配置与土壤质量调控的系统动力学分析. 环境科学研究, 22(2): 221~226.
汪朝辉, 田定湘, 刘艳华. 2008. 中外生态安全评价对比研究. 生态经济, (7): 44~49.
王耕, 王利, 吴伟. 2007. 区域生态安全概念及评价体系的再认识. 生态学报, (4): 1627~1637.
王礼茂. 2002. 资源安全的影响因素与评估指标. 自然资源学报, (4): 401~408.
王丽婧, 席春燕, 付青, 等. 2010. 基于景观格局的三峡库区生态脆弱性评价. 环境科学研究, 23(10): 1268~1273.
王美娥, 陈卫平, 彭驰. 2014. 城市生态风险评价研究进展. 应用生态学报, (3): 911~918.
王琦, 付梦娣, 魏来, 等. 2016. 基于源-汇理论和最小累积阻力模型的城市生态安全格局构建——以安徽省宁国市为例. 环境科学学报, 36(12): 4546~4554.
王希群, 马履一, 贾忠奎, 等. 2005. 叶面积指数的研究和应用进展. 生态学杂志, (5): 537~541.
王雪梅, 刘静玲, 马牧源, 等. 2010. 流域水生态风险评价及管理对策. 环境科学学报, (2): 237~245.
魏隽, 吴育华, 秦志辉. 2002. 熵权系数法在软件产业发展战略选择中的应用. 河北经贸大学学报, (2): 82~87.
吴国庆. 2001. 区域农业可持续发展的生态安全及其评价研究. 自然资源学报, (3): 227~233.
吴开亚. 2003. 生态安全理论形成的背景探析. 合肥工业大学学报(社会科学版), (5): 24~27.
肖笃宁, 陈文波, 郭福良. 2002. 论生态安全的基本概念和研究内容. 应用生态学报, (3):

354~358.
徐海根, 包浩生. 2004. 自然保护区生态安全设计的方法研究. 应用生态学报, (7): 1266~1270.
徐卫华, 栾雪菲, 欧阳志云, 等. 2014. 对我国国土生态安全格局与空间管理策略的思考. 国土资源情报, (5): 27~31.
许为义. 2003. 全面关注“生态安全”问题. 上海综合经济, (6): 24~26.
许妍, 高俊峰, 赵家虎, 等. 2012. 流域生态风险评价研究进展. 生态学报, (1): 284~292.
阎水玉, 王祥荣. 2002. 生态系统服务研究进展. 生态学杂志, (5): 61~68.
杨京平. 2002. 生态安全的系统分析. 北京: 化学工业出版社.
杨姗姗. 2015. 江西省生态安全格局构建. 南京: 南京信息工程大学硕士学位论文.
杨艳. 2011. 基于生态足迹的半干旱草原区可持续发展评价. 呼和浩特: 内蒙古大学硕士学位论文.
叶文虎, 孔青春. 2001. 环境安全: 21 世纪人类面临的根本问题. 中国人口. 资源与环境, (3): 44~46.
易胜. 2008. 基于 RS 和 GIS 岩溶地区植被覆盖度分析. 南宁: 广西师范大学硕士学位论文.
尹晓波. 2003. 区域可持续发展的生态安全评价. 数量经济技术经济研究, (7): 139~144.
余谋昌. 2004. 论生态安全的概念及其主要特点. 清华大学学报(哲学社会科学版), (2): 29~35.
俞孔坚, 李海龙, 李迪华, 等. 2009. 国土尺度生态安全格局. 生态学报, 29(10): 5163~5175.
张彪, 李文华, 谢高地, 等. 2009. 森林生态系统的水源涵养功能及其计量方法. 生态学杂志, (3): 529~534.
张宏锋, 李卫红, 陈亚鹏. 2003. 生态系统健康评价研究方法与进展. 干旱区研究, 20(4): 330~335.
张虹波, 刘黎明. 2006. 土地资源生态安全研究进展与展望. 地理科学进展, 25(5): 77~85.
张佳华. 2001. 自然植被第一性生产力和作物产量估测模型研究. 上海农业学报, (3): 83~89.
张雷. 2002. 中国国家资源环境安全的国际比较分析. 中国软科学, (8): 27~31.
张桥英, 何兴金, 卿凤, 等. 2002. 气候变暖对中国生态安全的影响. 自然杂志, (4): 212~215.
张全国, 张大勇. 2003. 生物多样性与生态系统功能: 最新的进展与动向. 生物多样性, (5): 351~363.
张宪洲. 1993. 我国自然植被净第一性生产力的估算与分布. 自然资源, (1): 15~21.
张永民, 赵士洞. 2007. 生态系统可持续管理的对策. 地球科学进展, (7): 748~753.
章华华. 2013. 我国西部地区生态环境建设的绩效研究. 重庆: 重庆大学硕士学位论文.
郑万生, 王继富, 孙桂凤. 2002. 生态安全问题的全球观与战略对策. 哈尔滨学院学报(社会科学), (7): 120~122.
郑晓薇, 樊华, 武亮亮. 2007. 熵权系数法的理论建模分析与并行实现. 小型微型计算机系统, (10): 1884~1887.
中国科学院可持续发展战略研究组. 2002. 2002 年中国可持续发展战略报告. 北京: 科学出版社.
钟祥浩. 1987. 土壤侵蚀的评价. 山地研究, (2): 93~98.

周锐, 苏海龙, 王新军, 等. 2011. 基于 CLUE—S 模型和 Markov 模型的城镇土地利用变化模拟预测——以江苏省常熟市辛庄镇为例. 资源科学, 33(12): 2262~2270.

周文华, 王如松. 2005. 基于熵权的北京城市生态系统健康模糊综合评价. 生态学报, 25(12): 3244~3251.

周毅. 2003. 中国生态环境安全. 西北林学院学报, (1): 109~112.

邹长新, 沈渭寿. 2003. 生态安全研究进展. 农村生态环境, (1): 56~59.

左伟, 王桥, 王文杰, 等. 2002. 区域生态安全评价指标与标准研究. 地理学与国土研究, (1): 67~71.

左伟, 王桥, 王文杰, 等. 2005. 区域生态安全综合评价模型分析. 地理科学, (2): 209~214.

Alcamo J, AL. E. 2003. Ecosystems and Human Well-being: A Framework for Assessment. Island Press.

Costanza R. 1997. The value of the world's ecosystem services and natural capital. Nature, 387(6630): 3~15.

Costanza R, D'arge R, de Groot R, et al. 1998. The value of the world's ecosystem services and natural capital. World Environment. 387(6630): 253~260.

Cyril O. 1997. Oil, environmental conflict and national security in Nigeria : ramifications of the ecology- security nexus for sub-regional peace. Program for Arms Control, Disarmament, and International Security (ACDIS): University of Illinois at Urbana-Champaign.

Defries R S, Foley J A, Asner G P. 2008. Land-use choices: balancing human needs and ecosystem function. Frontiers in Ecology & the Environment, 2(2004): 249~257.

Du P, Xia J, Du Q, et al. 2013. Evaluation of the spatio-temporal pattern of urban ecological security using remote sensing and GIS. International Journal of Remote Sensing, 34(3): 848~863.

Gong J, Liu Y, Xia B, et al. 2009. Urban ecological security assessment and forecasting, based on a cellular automata model: A case study of Guangzhou, China. Ecological Modelling, 220(24): 3612~3620.

Hope B K. 2006. An examination of ecological risk assessment and management practices. Environment International, 32(8): 983~995.

Kullenberg G. 2002. Regional co-development and security: a comprehensive approach. Ocean & Coastal Management, 45(11-12): 761~776.

Mark H, Senior A, Iucn. 1998. State-of-the-Art Review on Environment. Security and Development Cooperation. IUCN.

Omernik J. 1995. Ecoregions: A framework for managing ecosystems. George Wright Forum, 12(1): 35~50.

Przybytniowski J W. 2014. Risk of Natural Catastrophes and Ecological Safety of a State. Engei Gakkai Zasshi, 23(3): 1025~1031.

Rapport D J, Costanz A R, Mcmichael A J. 1998. Assessing ecosystem health. Trends in Ecology & Evolution, 13(10): 69.

Rapport D J, Gaudet C, Karr J R, et al. 1998. Evaluating landscape health: integrating societal goals and biophysical process. Journal of Environmental Management, 53(1): 1~15.

Rodier D, Norton S. 1992. Framework for ecological risk assessment: Environmental Protection Agency, Washington, DC(United States). Risk Assessment Forum.

Schreurs M A, Pirages D. 1998. Ecological security in northeast Asia: Yonsei University Press.

Suter G W. 2001. Applicability of indicator monitoring to ecological risk assessment. Ecological Indicators, 1(2): 101~112.

Wei W, Zhao J, Wang X F, et al. 2009. Landscape pattern MACRS analysis and the optimal utilization of Shiyang River Basin based on RS and GIS approach. Acta Ecologica Sinica, 29(4): 216~221.

Westing A H. 1989. The environmental component of comprehensive security. Security Dialogue, 20(2): 129~134.

Wu G Q. 2001. Study on ecological safety and its evaluation of regional agricultural sustainable development. Journal of Natural Resources, 16(3): 227~233.